EUROPA-FACHBUCHREIHE
Kraftfahrzeugtechnik

Formeln Kraftfahrzeugtechnik

Bearbeitet von Gewerbelehrern und Ingenieuren

9. Auflage

VERLAG EUROPA-LEHRMITTEL · Nourney, Vollmer GmbH & Co. KG
Düsselberger Straße 23 · 42781 Haan-Gruiten

Europa-Nr.: 20612

Autoren:

Fischer, Richard	Studiendirektor a. D.	Polling
Gscheidle, Rolf	Studiendirektor a. D.	Winnenden
Gscheidle, Tobias	Dipl.-Gwl., Studiendirektor	Sindelfingen – Filderstadt
Heider, Uwe	Kfz-Elektriker-Meister, Trainer Audi AG	Neckarsulm – Ellhofen
Hohmann, Berthold	Oberstudiendirektor	Eversberg
Keil, Wolfgang	Oberstudiendirektor a. D.	München
Lohuis, Rainer	Dipl.-Ingenieur, Oberstudienrat	Aachen – Hückelhoven
Schlögl, Bernd	Studiendirektor	Gaggenau – Rastatt

Leitung des Arbeitskreises und Lektorat:
Rolf Gscheidle, Studiendirektor a. D., Winnenden

Bildquellen:
Robert Bosch GmbH: S. 20/4; S. 40/1 + 2; S. 57/2; S. 61/3

Bildbearbeitung:
Zeichenbüro des Verlages Europa-Lehrmittel, Ostfildern

Den „Formeln Kraftfahrzeugtechnik" wurden die neuesten Ausgaben der DIN-Blätter zugrunde gelegt. Verbindlich sind jedoch nur die DIN-Blätter selbst.

Die DIN-Blätter können von der DIN Media GmbH, Burggrafenstraße 6, 10787 Berlin, bezogen werden.

9. Auflage 2024
Druck 5 4 3 2

Alle Drucke derselben Auflage sind parallel einsetzbar, da sie bis auf die Korrektur von Druckfehlern identisch sind.

ISBN 978-3-7585-2291-8

Bei Fragen zur Produktsicherheit wenden Sie sich bitte an
produktsicherheit@europa-lehrmittel.de.

Satz: Satz+Layout Werkstatt Kluth GmbH, 50374 Erftstadt
Umschlag: braunwerbeagentur, 42477 Radevormwald
Umschlagfotos: Mercedes-Benz Group, Stuttgart und BMW AG, München
Druck: Himmer GmbH, 86167 Augsburg

SI-Basiseinheiten

Basisgröße	Länge	Masse	Zeit	Elektrische Stromstärke	Thermodynamische Temperatur	Stoffmenge	Lichtstärke
Basiseinheit	Meter	Kilogramm	Sekunde	Ampere	Kelvin	Mol	Candela
Kurzzeichen	m	kg	s	A	K	mol	cd

Mathematische Zeichen (Auswahl)

Zeichen	Erklärung	Zeichen	Erklärung	Zeichen	Erklärung
...	bis, und so weiter	$\sqrt{a}$	Quadratwurzel aus a	≅	kongruent
=	gleich	· ×	mal (der Punkt steht auf halber Zeilenhöhe)	~	ähnlich
≠	nicht gleich, ungleich	: / —	durch, geteilt durch, dividiert durch	∢	Winkel
~	proportional	%	Prozent, von Hundert	$\overline{AB}$	Strecke AB
≈	annähernd, nahezu gleich, rund, etwa	‰	Promille, von Tausend	$\overset{\frown}{AB}$	Bogen AB
≙	entspricht	( ) [ ] { }	runde, eckige, geschweifte Klammer auf und zu	Σ	Summe
<	kleiner als	∥	parallel	e	Eulersche Zahl e = 2,718 281 828...
>	größer als	∦	nicht parallel	π	Pi = 3,14159...
≥	größer oder gleich, mindestens gleich	⊥	rechtwinklig zu, normal auf, senkrecht auf	∞	unendlich
≤	kleiner oder gleich, höchstens gleich	Δ	Delta, Zeichen für Differenz	log	Logarithmus (allgmein)
+	plus, mehr, und			lg	Zehnerlogarithmus
−	minus, weniger			ln	natürlicher Logarithmus

Umrechnung von früheren Einheiten und SI-Einheiten

Druck	Energie, Arbeit	Leistung
1 at = 1 kp/cm² = 981 mbar	1 kcal = 4186,8 J ≈ 4,2 kJ = 1,16 · 10^{-3} kWh	1 PS = 735 W = 0,735 kW = 735 Nm/s
1 mm WS = 1 kp/m² = 0,098 mbar	1 kpm = 9,81 J = 9,81 Nm	1 kW = 1,36 PS
1 mm Hg = 1 Torr = 1,333 mbar		

Größen

Größe	Formelzeichen	Einheit Name	Einheit Zeichen	Umrechnung, Erklärung				
					m	dm	cm	mm
Länge	*l*	Meter	m	1 m	1	10	100	1000
					m²	dm²	cm²	mm²
Fläche	*A*, *S*	Quadratmeter	m²	1 m²	1	100	10000	1000000
					m³	dm³ (l)	cm³ (ml)	mm³
Volumen Rauminhalt	*V*	Kubikmeter	m³	1 m³	1	1000	1000000	
		Liter	l, L	1 dm³ (l)	0,001	1	1000	1000000
					d	m	min	s
Zeit Zeitspanne Dauer	*t*	Sekunde	s	1 s		0,000278	0,01667	1
		Minute	min	1 min	0,00069	0,01667	1	60
		Stunde	h	1 h	0,04167	1	60	3600
		Tag	d	1 d	1	24	1440	86400

Größen

Größe	Formelzeichen	Einheit Name	Einheit Zeichen	Umrechnung, Erklärung			
Geschwindigkeit	v	Meter/Sekunde	m /s		m/s	m/min	km/h
Umfangsgeschwindigkeit	v	Kilometer/Stunde	km/h	1 km/h	0,2778	16,667	1
Lichtgeschwindigkeit	c			1 m/min	0,01667	1	0,06
				1 m/s	1	60	3,6
				1 cm/s	0,01	0,6	0,036
Frequenz	f, ν	Hertz	Hz	Anzahl periodischer Vorgänge pro Sekunde			
		reziproke Sekunde	1/s	1 Hz = 1/s = s^{-1}			
Beschleunigung	a	Meter/Sekunde hoch zwei	m/s^2	Wirkungsrichtung: Beliebig			
örtliche Fallbeschleunigung	g			Wirkungsrichtung: Zum Erdmittelpunkt $g = 9{,}80665\ m/s^2 \approx 9{,}81\ m/s^2$ wird meist als Normfallbeschleunigung angegeben.			
Masse	m				g	kg	t (Mg)
Gewicht als Wägeergebnis		Kilogramm	kg	1 kg	1000	1	0,001
		Gramm	g	1 g	1	0,001	0,000001
		Tonne	t	1 t (Mg)	1000000	1000	1
Dichte	ϱ				g/cm^3	kg/dm^3	kg/m^3
		Kilogramm/Kubikmeter	kg/m^3	1 kg/m^3	0,001	0,001	1
		Kilogramm/Kubikdezimeter	kg/dm^3	1 kg/dm^3	1	1	1000
				1 g/cm^3	1	1	1000
Kraft	F	Newton	N		N	daN	kN
Gewichtskraft	F_G, G			1 N	1	0,1	0,001
				1 kN	1000	100	1
				1 N = 1 kg · 1 m/s^2 = 1 kg m/s^2			
Drehmoment	M	Newtonmeter	Nm		Ncm	Nm	kNm
				1 Ncm	1	0,01	0,00001
				1 Nm	100	1	0,001
Temperatur	T	Kelvin	K	0 Kelvin = 0 K = − 273 °C			
	t	Celsius	°C	0 °Celsius = 0 °C = 273 K			
Arbeit	W	Joule	J		kWh	J	kJ
Energie	E, W			1 kWh	1	3600000	3600
Wärmemenge	Q			1 J		1	0,001
				1 kJ	0,0002778	1000	1
				1 MJ	0,2778	1000000	1000
				1 J = 1 Nm = 1 Ws = 1 kg m^2/s^2			
Leistung	P	Watt	W		mW	W	kW
				1 mW	1	0,001	0,000001
				1 W	1000	1	0,001
				1 kW	1000000	1000	1
				1 W = 1 J/s = 1 Nm/s			
Druck	p	Pascal	Pa		Pa	mbar, hPa	N/cm^2
				1 Pa	1	0,01	0,0001
				1 mbar, hPa	100	1	0,01
				1 N/cm^2	10000	100	1
				1 Pa = 1 N/m^2; 1 bar = 10 N/cm^2; 1 mbar = 1 hPa			

Größen

Größe	Formelzeichen	Einheit Name	Einheit Zeichen	Umrechnung, Erklärung			
Mechanische Spannung	σ, τ	Newton/Quadratmeter	N/m^2		N/m^2	daN/cm^2	N/mm^2
				$1\ N/m^2$	1	0,00001	0,000001
				$1\ N/cm^2$	10000	0,1	0,01
				$1\ N/mm^2$	1000000	10	1
				$1\ N/m^2 = 1\ Pa$			
Elektrische Stromstärke	I	Amper	A		mA	A	kA
				1 mA	1	0,001	0,000001
				1 A	1000	1	0,001
				1 kA	1000000	1000	1
Elektrische Spannung	U	Volt	V		mV	V	kV
				1 mV	1	0,001	0,000001
				1 V	1000	1	0,001
				1 kV	1000000	1000	1
Elektrischer Widerstand	R	Ohm	Ω		Ω	kΩ	MΩ
				1 Ω	1	0,001	0,000001
				1 kΩ	1000	1	0,001
				1 MΩ	1000000	1000	1

Vorsätze für Zehnerpotenzen (Auswahl)

da	(Deka)	10^{1}	G	(Giga)	10^{9}	d	(Dezi)	10^{-1}	n	(Nano)	10^{-9}
h	(Hekto)	10^{2}	T	(Tera)	10^{12}	c	(Centi)	10^{-2}	p	(Pico)	10^{-12}
k	(Kilo)	10^{3}	P	(Peta)	10^{15}	m	(Milli)	10^{-3}	f	(Femto)	10^{-15}
M	(Mega)	10^{6}	E	(Exa)	10^{18}	µ	(Mikro)	10^{-6}	a	(Atto)	10^{-18}

Prozentrechnen

p Prozentsatz in %
Er gibt an, wie viel Hundertstel vom Grundwert zu nehmen sind.

G Grundwert
Er ist der Wert, auf den man sich beim Prozentrechnen bezieht.

P Prozentwert
Er ist der Teil des Grundwertes, der dem Prozentsatz entspricht. Er hat dieselbe Einheit wie der Grundwert.

E_{max} Endwert (vermehrter Wert) (Grundwert + Prozentwert)
E_{min} Endwert (verminderter Wert) (Grundwert – Prozentwert)

$$E_{max} = G + P$$

$$E_{min} = G - P$$

$$G = \frac{100 \cdot P}{p}$$

$$P = \frac{G \cdot p}{100}$$

$$p = \frac{100 \cdot P}{G}$$

$$G = \frac{100 \cdot E_{max}}{100 + p}$$

$$G = \frac{100 \cdot E_{min}}{100 - p}$$

Mischungsrechnen

m Gesamtmenge
m_1 Teilmenge 1
m_2 Teilmenge 2
x Summe der Anteile
x_1 Anteil der Teilmenge 1
x_2 Anteil der Teilmenge 2

$$m_1 = \frac{m \cdot x_1}{x}$$

$$m = \frac{m_1 \cdot x}{x_1}$$

$$x_1 = \frac{m_1 \cdot x}{m}$$

$$x = \frac{m \cdot x_1}{m_1}$$

$$m = m_1 + m_2 + \ldots$$

$$x = x_1 + x_2 + \ldots$$

$$\frac{m}{m_1} = \frac{x}{x_1}$$

Winkelfunktionen

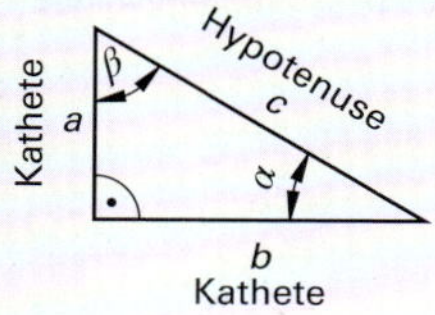

- Die den rechten Winkel bildenden Seiten *a* und *b* heißen Katheten.
- Die dem rechten Winkel gegenüberliegende Seite *c* heißt Hypotenuse.
- Die dem spitzen Winkel α bzw. β anliegende Seite *b* bzw. *a* heißt Ankathete.
- Die dem spitzen Winkel α bzw. β gegenüberliegende Seite *a* bzw. *b* heißt Gegenkathete.

Die Seitenverhältnisse im rechtwinkligen Dreieck werden Winkelfunktionen bzw. trigonometrische Funktionen genannt.

Sinus $= \frac{\text{Gegenkathete}}{\text{Hypothenuse}}$

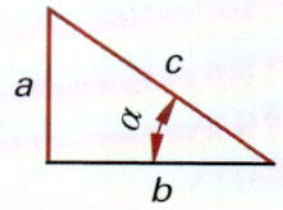

$\sin\alpha = \frac{a}{c}$

$a = c \cdot \sin\alpha$

$c = \frac{a}{\sin\alpha}$

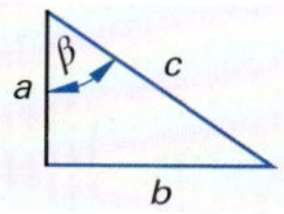

$\sin\beta = \frac{b}{c}$

$b = c \cdot \sin\beta$

$c = \frac{b}{\sin\beta}$

Cosinus $= \frac{\text{Ankathete}}{\text{Hypothenuse}}$

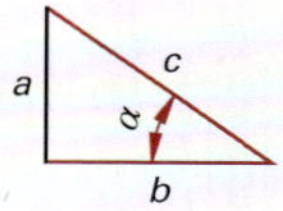

$\cos\alpha = \frac{b}{c}$

$b = c \cdot \cos\alpha$

$c = \frac{b}{\cos\alpha}$

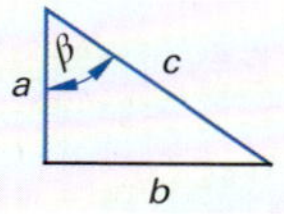

$\cos\beta = \frac{a}{c}$

$a = c \cdot \cos\beta$

$c = \frac{a}{\cos\beta}$

Tangens $= \frac{\text{Gegenkathete}}{\text{Ankathete}}$

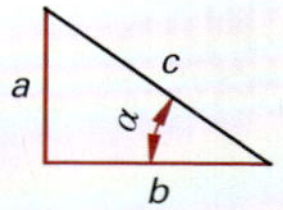

$\tan\alpha = \frac{a}{b}$

$a = b \cdot \tan\alpha$

$b = \frac{a}{\tan\alpha}$

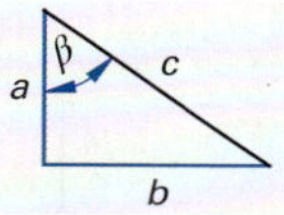

$\tan\beta = \frac{b}{a}$

$b = a \cdot \tan\beta$

$a = \frac{b}{\tan\beta}$

Cotangens $= \frac{\text{Ankathete}}{\text{Gegenkathete}}$

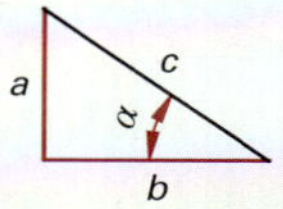

$\cot\alpha = \frac{b}{a}$

$b = a \cdot \cot\alpha$

$a = \frac{b}{\cot\alpha}$

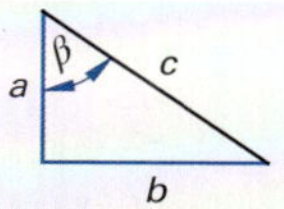

$\cot\beta = \frac{a}{b}$

$a = b \cdot \cot\beta$

$b = \frac{a}{\cot\beta}$

Berechnung von Winkelfunktionen mit dem Taschenrechner (Beispiele)

Beispiel 1: $a = 10$ cm; $c = 50$ cm; $\alpha = ?$ *Lösung:* $\sin\alpha = a : c = 10 \text{ cm} : 50 \text{ cm} = \mathbf{0{,}2}$

10 ÷ 50 = 0,2 (SHIFT; 2ND; INV) SIN ⇒ 11,536 96° (SHIFT; 2ND; INV) ° ′ ″ ⇒ **11° 32′ 13″**

Winkelfunktionen am Einheitskreis

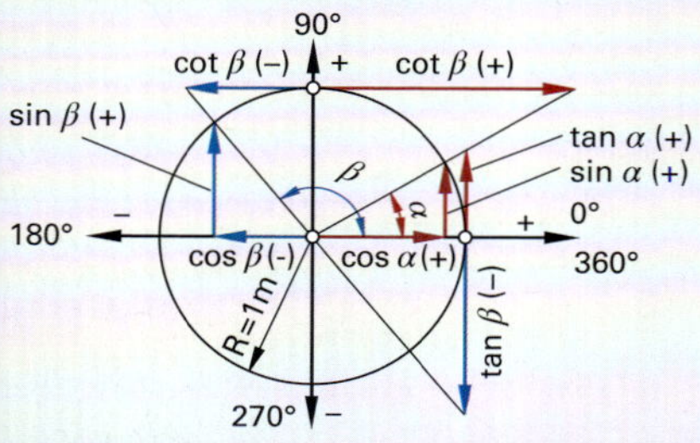

Besondere Winkelfunktionswerte

Funktion \ Winkel α	0°	30°	45°	60°	90°
Sinus α	0	$\frac{1}{2}$	$\frac{1}{2}\sqrt{2}$	$\frac{1}{2}\sqrt{3}$	1
Cosinus α	1	$\frac{1}{2}\sqrt{3}$	$\frac{1}{2}\sqrt{2}$	$\frac{1}{2}$	0
Tangens α	0	$\frac{1}{3}\sqrt{3}$	1	$\sqrt{3}$	∞
Cotangens α	∞	$\sqrt{3}$	1	$\frac{1}{3}\sqrt{3}$	0

Winkelfunktionen im schiefwinkligen Dreieck

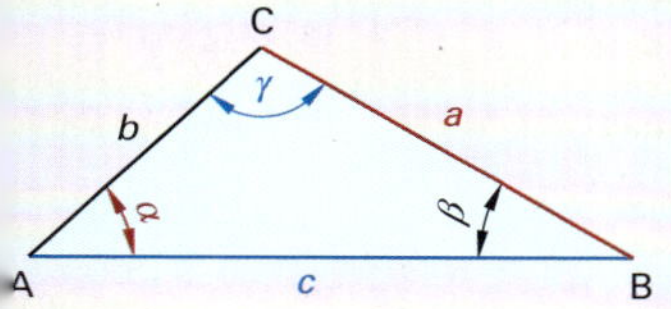

a, b, c Seitenlängen (mm)

α, β, γ Winkel, die jeweils den Seiten *a*, *b*, *c* gegenüber liegen (°)

Sinussatz

$$\frac{a}{\sin\alpha} = \frac{b}{\sin\beta} = \frac{c}{\sin\gamma}$$

Kosinussatz

$$a^2 = b^2 + c^2 - 2 \cdot b \cdot c \cdot \cos\alpha$$
$$b^2 = a^2 + c^2 - 2 \cdot a \cdot c \cdot \cos\beta$$
$$c^2 = a^2 + b^2 - 2 \cdot a \cdot b \cdot \cos\gamma$$

Längenteilungen

	Teilung p Lochabstand	Teilungszahl n Lochzahl	Teilungslänge l
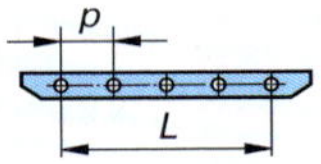	$p = \frac{L}{n-1}$	$n = \frac{L}{p} + 1$	$L = p \cdot (n-1)$
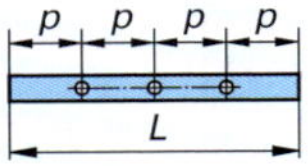	$p = \frac{L}{n+1}$	$n = \frac{L}{p} - 1$	$L = p \cdot (n+1)$
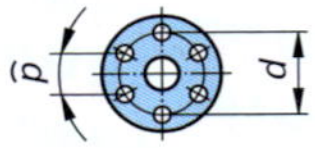	$p = \frac{\pi \cdot d}{n}$	$n = \frac{\pi \cdot d}{p}$	$L = U = n \cdot p$ $L = U = \pi \cdot d$

Kettenlänge

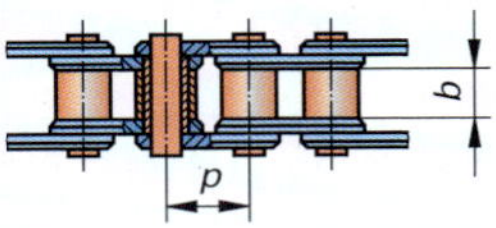

L Kettenlänge
p Teilung
b Gliederbreite (Innenglied)
X Gliederzahl

$$L = p \cdot X$$

$$p = \frac{L}{X} \qquad X = \frac{L}{p}$$

Gebogene Längen

Kreisumfang

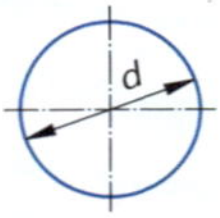

U Umfang
d Durchmesser

$$U = \pi \cdot d$$

$$d = \frac{U}{\pi}$$

Kreisbogenlänge

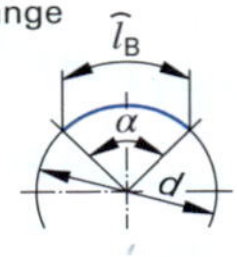

l_B Bogenlänge
d Durchmesser
α Mittelpunktswinkel in °

$$l_B = \frac{\pi \cdot d \cdot \alpha}{360°}$$

$$\alpha = \frac{360° \cdot l_B}{\pi \cdot d} \qquad d = \frac{360° \cdot l}{\pi \cdot \alpha}$$

Ellipsenumfang

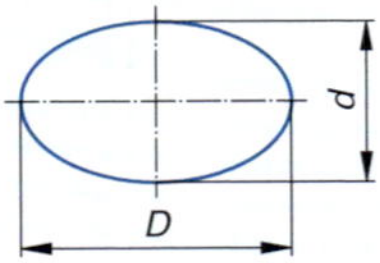

U Umfang
D Durchmesser
d Durchmesser
R Radius
r Radius

$$U \approx \pi \cdot \frac{D+d}{2}$$

$$D \approx \frac{2 \cdot U}{\pi} - d \qquad d \approx \frac{2 \cdot U}{\pi} -$$

genauer:

$$U \approx \pi \cdot \sqrt{2 \cdot (R^2 + r^2)}$$

Gestreckte Länge

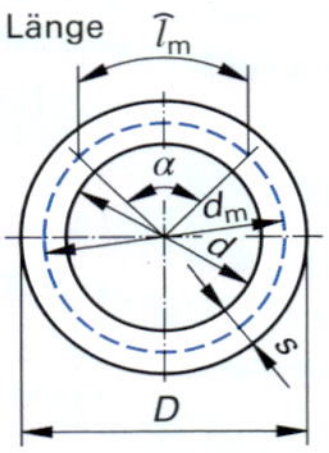

l_m gestreckte Länge, Länge der neutralen Faser
d_m mittlerer Durchmesser
D Außendurchmesser
d Innendurchmesser
α Mittelpunktswinkel in °
s Werkstoffdicke
U_m mittlerer Umfang

$$l_m = \frac{\pi \cdot d_m \cdot \alpha}{360°}$$

$$U_m = \pi \cdot d_m$$

$$d_m = \frac{D+d}{2}$$

$$d_m = D - s$$

$$d_m = d + s$$

Lehrsatz des Pythagoras

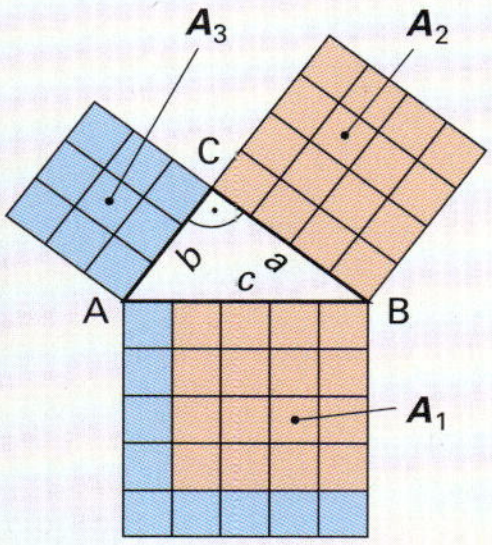

Beim rechtwinkigen Dreieck ist die Fläche des Hypotenusenquadrates gleich der Summe der Flächen der beiden Kathetenquadrate.

c	Hypotenuse – die dem rechten Winkel gegenüberliegende Seite
a, b	Katheten – die den rechten Winkel bildenden Seiten
A_1, A_2, A_3	Flächen

$$A_1 = A_2 + A_3$$

$$c^2 = a^2 + b^2$$

$$c = \sqrt{a^2 + b^2}$$
$$a = \sqrt{c^2 - b^2}$$
$$b = \sqrt{c^2 - a^2}$$

Regelmäßige Vielecke

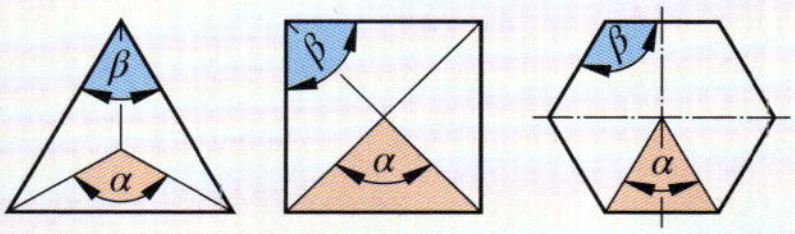

Für regelmäßige Vielecke gilt:

Innenwinkel $\alpha = \dfrac{360°}{n}$

Außenwinkel $\beta = \dfrac{(n-2) \cdot 180°}{n}$ $\quad \beta = 180° - \alpha$

n **Anzahl der Ecken**

Regelmäßiges Vieleck *n* Anzahl der Ecken	Umkreis-∅ *D* Eckenmaß *e*	Innenkreis-∅ *d* Schlüsselweite *SW*	Seitenlänge *l* Umfang *U*	Gesamtfläche *A*
Dreieck $n = 3$ 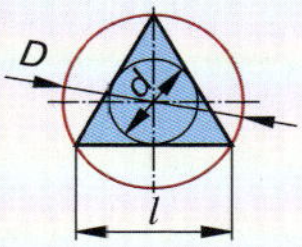	$D = 1{,}154 \cdot l$ $D = 2 \cdot d$	$d = 0{,}578 \cdot l$ $d = 0{,}5 \cdot D$	$l = 0{,}866 \cdot D$ $l = 1{,}730 \cdot d$ $\boldsymbol{U = l \cdot n}$	$A = 0{,}325 \cdot D^2$ $A = 1{,}299 \cdot d^2$ $A = 0{,}433 \cdot l^2$
Viereck $n = 4$ 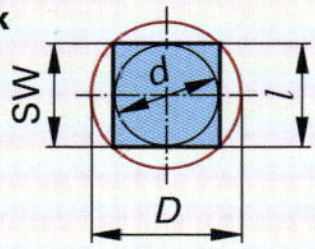	$D = 1{,}414 \cdot l$ $D = 1{,}414 \cdot d$ $\boldsymbol{D = e}$	$d = l$ $d = 0{,}707 \cdot D$ $\boldsymbol{d = SW}$	$l = 0{,}707 \cdot D$ $l = d$ $\boldsymbol{U = l \cdot n}$	$A = 0{,}5 \cdot D^2$ $A = d^2$ $A = l^2$
Sechseck $n = 6$ 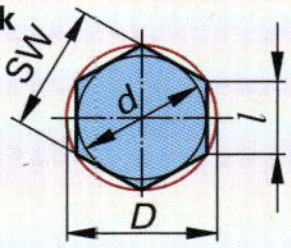	$D = 2 \cdot l$ $D = 1{,}155 \cdot d$ $\boldsymbol{D = e}$	$d = 1{,}732 \cdot l$ $d = 0{,}866 \cdot D$ $\boldsymbol{d = SW}$	$l = 0{,}5 \cdot D$ $l = 0{,}577 \cdot d$ $\boldsymbol{U = l \cdot n}$	$A = 0{,}649 \cdot D^2$ $A = 0{,}866 \cdot d^2$ $A = 2{,}598 \cdot l^2$
Achteck $n = 8$ 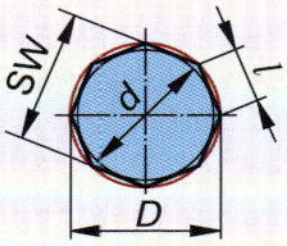	$D = 2{,}614 \cdot l$ $D = 1{,}082 \cdot d$ $\boldsymbol{D = e}$	$d = 2{,}414 \cdot l$ $d = 0{,}924 \cdot D$ $\boldsymbol{d = SW}$	$l = 0{,}383 \cdot D$ $l = 0{,}414 \cdot d$ $\boldsymbol{U = l \cdot n}$	$A = 0{,}707 \cdot D^2$ $A = 0{,}829 \cdot d^2$ $A = 4{,}828 \cdot l^2$
Zwölfeck $n = 12$ 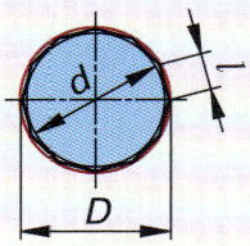	$D = 3{,}864 \cdot l$ $D = 1{,}035 \cdot d$ $\boldsymbol{D = e}$	$d = 3{,}732 \cdot l$ $d = 0{,}966 \cdot D$ $\boldsymbol{d = SW}$	$l = 0{,}259 \cdot D$ $l = 0{,}268 \cdot d$ $\boldsymbol{U = l \cdot n}$	$A = 0{,}750 \cdot D^2$ $A = 0{,}804 \cdot d^2$ $A = 11{,}196 \cdot l^2$

Geradlinig begrenzte Flächen

Quadrat
$b = l$

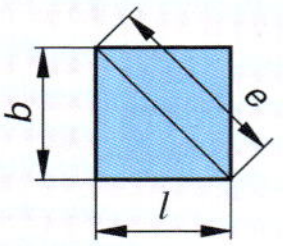

$l = \sqrt{A}$ $\qquad b = l$

$e = \sqrt{2 \cdot l^2} = 1{,}414 \cdot l$

$l = \dfrac{e}{1{,}414} = 0{,}707 \cdot e$ $\qquad U = 4 \cdot l$

$A = l^2$

Rhombus (Raute)

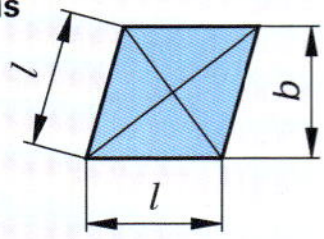

$l = \dfrac{A}{b}$

$b = \dfrac{A}{l}$

$U = 4 \cdot l$

$A = l \cdot b$

Rechteck

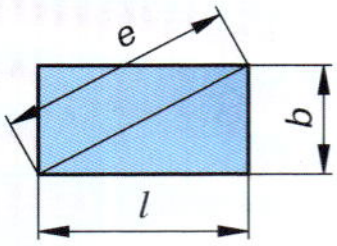

$b = \dfrac{A}{l} \quad l = \dfrac{A}{b}$ $\qquad l = \dfrac{U - 2 \cdot b}{2}$

$e = \sqrt{l^2 + b^2}$ $\qquad b = \dfrac{U - 2 \cdot l}{2}$

$U = 2 \cdot l + 2 \cdot b$

$A = l \cdot b$

Rhomboid (Parallelogramm)

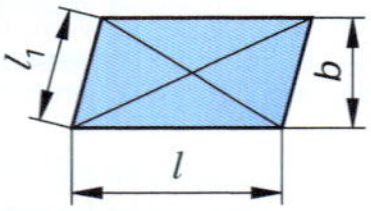

$l = \dfrac{A}{b}$ $\qquad l = \dfrac{U - 2 \cdot l_1}{2}$

$b = \dfrac{A}{l}$ $\qquad l_1 = \dfrac{U - 2 \cdot l}{2}$

$U = 2 \cdot l + 2 \cdot l_1$

$A = l \cdot b$

Dreieck

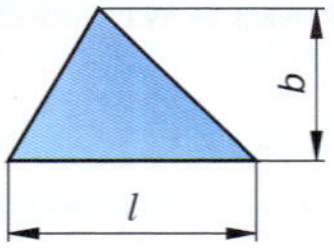

$l = \dfrac{2 \cdot A}{b}$

$b = \dfrac{2 \cdot A}{l}$

U = Summe aller Seiten

$A = \dfrac{l \cdot b}{2}$

Trapez

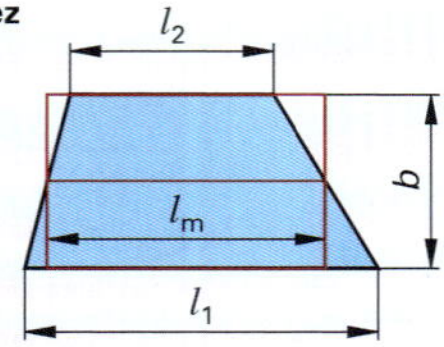

$l_1 = \dfrac{2 \cdot A}{b} - l_2$ $\qquad b = \dfrac{2 \cdot A}{l_1 + l_2}$

$l_2 = \dfrac{2 \cdot A}{b} - l_1$ $\qquad l_m = \dfrac{l_1 + l_2}{2}$

$l_1 = 2 \cdot l_m - l_2$ $\qquad l_2 = 2 \cdot l_m - l_1$

U = Summe aller Seiten

$A = \dfrac{l_1 + l_2}{2} \cdot b$

$A = l_m \cdot b$

Vieleck
(regelmäßig)

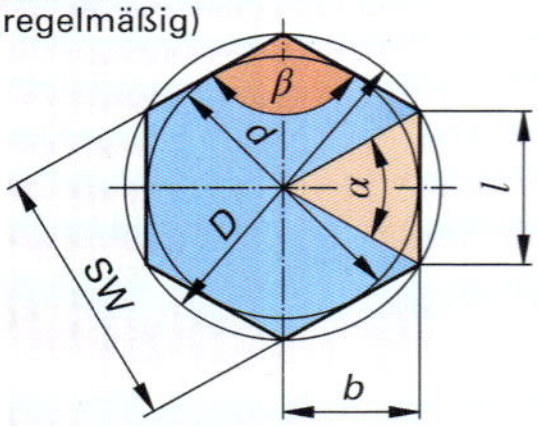

$\alpha = \dfrac{360°}{n}$

$\beta = \dfrac{(n-2) \cdot 180°}{n}$

$\beta = 180° - \alpha$

$l = D \cdot \sin\left(\dfrac{180°}{n}\right)$

$l = D \cdot \sin\dfrac{\alpha}{2}$

$d = \sqrt{D^2 - l^2}$

$b = \dfrac{SW}{2} = \dfrac{d}{2}$ $\qquad U = l \cdot n$

$A = \dfrac{l \cdot b}{2} \cdot n$

$A = \dfrac{n \cdot l \cdot d}{4}$

A Gesamtfläche
d Inkreisdurchmesser
n Anzahl der Ecken
l Seitenlänge
b Breite

α Innenwinkel
β Außenwinkel
SW Schlüsselweite
D Umkreisdurchmesser
d Inkreisdurchmesser

A Fläche $\quad l$ Länge $\quad l_m$ mittlere Länge $\quad b$ Breite $\quad U$ Umfang $\quad e$ Eckmaß

Kreisförmig oder bogenförmig begrenzte Flächen

Kreis

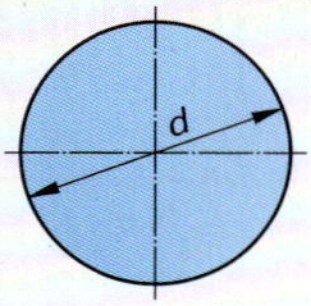

$$d = \sqrt{\frac{4 \cdot A}{\pi}} = \sqrt{\frac{A}{0{,}785}}$$

$$r = \sqrt{\frac{A}{\pi}}$$

$$U = \pi \cdot d$$

$$A = \frac{\pi \cdot d^2}{4}$$

$$A = 0{,}785 \cdot d^2$$

$$A = \pi \cdot r^2$$

Kreisring

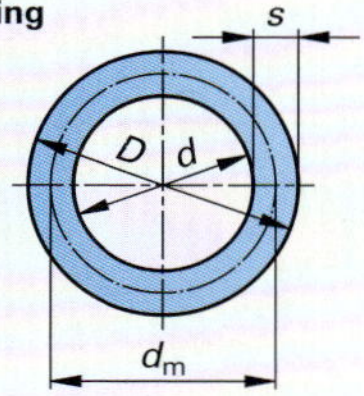

$$D = \sqrt{d^2 + \frac{4 \cdot A}{\pi}}$$

$$d = \sqrt{D^2 - \frac{4 \cdot A}{\pi}}$$

$$A_1 = \frac{\pi \cdot d^2}{4}$$

$$A_2 = \frac{\pi \cdot D^2}{4}$$

$$A = \frac{\pi}{4} \cdot (D^2 - d^2)$$

$$A = \pi \cdot d_m \cdot s$$

$$A = A_2 - A_1$$

Kreisausschnitt
(Sektor)

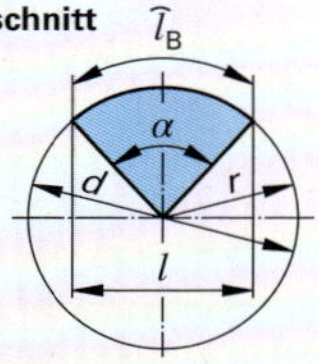

$$l = 2 \cdot r \cdot \sin\frac{\alpha}{2}$$

$$l_B = \frac{\pi \cdot d \cdot \alpha}{360°}$$

$$U = l_B + 2 \cdot r$$

l_B Bogenlänge ($\widehat{l}_B = l_B$)
l Länge (Sehne)
α Mittelpunktswinkel

$$A = \frac{l_B \cdot r}{2}$$

$$A = \frac{\pi \cdot d^2}{4} \cdot \frac{\alpha}{360°}$$

Kreisabschnitt
(Segment)

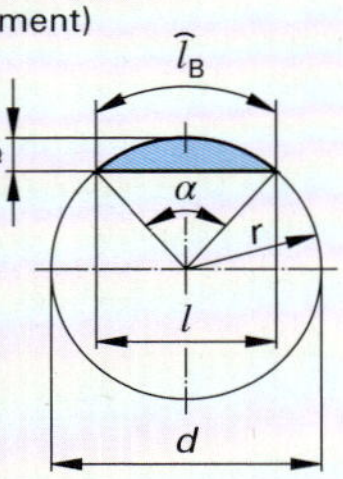

$$l_B = \frac{\pi \cdot d \cdot \alpha}{360°}$$

$$b = r - \sqrt{r^2 - \frac{l^2}{4}}$$

$$b = \frac{l}{2} \cdot \tan\frac{\alpha}{4}$$

$$l = 2 \cdot \sqrt{2 \cdot b \cdot r - b^2} \qquad l = 2 \cdot r \cdot \sin\frac{\alpha}{2}$$

$$r = \frac{b}{2} + \frac{l^2}{8 \cdot b} \qquad r = \frac{2 \cdot A - b \cdot l}{l_B - l}$$

$$U = l + l_B$$

l_B Bogenlänge ($\widehat{l}_B = l_B$)
l Länge (Sehne)
b Breite (Bogenhöhe)
α Mittelpunktswinkel

$$A = \frac{l_B \cdot r - l \cdot (r - b)}{2}$$

$$A = \frac{\pi \cdot d^2}{4} \cdot \frac{\alpha}{360°} - \frac{l \cdot (r - b)}{2}$$

$$A \approx \frac{2 \cdot l \cdot b}{3}$$

Ellipse

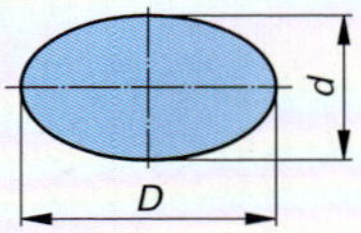

D große Achse
d kleine Achse

$$D = \frac{4 \cdot A}{\pi \cdot d} \qquad d = \frac{4 \cdot A}{\pi \cdot D}$$

$$U \approx \pi \cdot \frac{D + d}{2}$$

genauer:

$$U \approx \pi \cdot \sqrt{2 \cdot (R^2 + r^2)}$$

$$A = \frac{\pi \cdot D \cdot d}{4}$$

Zusammengesetzte Flächen

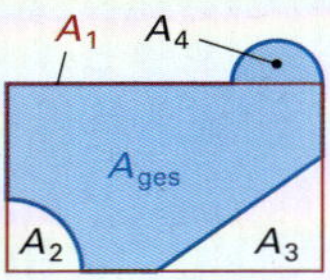

Zusammengesetzte Flächen werden zur Berechnung ihrer Gesamtfläche in Teilflächen zerlegt.
Durch Addition und Subtraktion der Teilflächen erhält man die Gesamtfläche.

$$A_{ges} = A_1 - A_2 - A_3 + A_4$$

Allgemein gilt:

$$A_{ges} = A_1 \pm A_2 \pm A_3 \pm A_4$$

A Fläche, U Umfang, D, d Durchmesser, R, r Radius, l_B Bogenlänge, l Länge (Sehne), b Breite (Bogenhöhe), b Breite, α Mittelpunktswinkel, d_m mittlerer Durchmesser

Volumen

Gleichdicke Körper — $V = A \cdot h$

Würfel

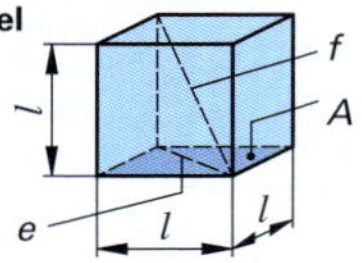

$l = \sqrt[3]{V}$

$A_M = 4 \cdot A = 4 \cdot l^2$

$A_O = 6 \cdot A = 6 \cdot l^2$

$e = 1{,}414 \cdot l$

$f = 1{,}732 \cdot l$

$l_{ges} = 12 \cdot l$

$$V = l \cdot l \cdot l$$

$$V = l^3$$

Prisma

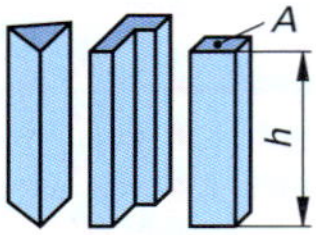

$A = \frac{V}{h}$

$h = \frac{V}{A}$

$$V = A \cdot h$$

Zylinder

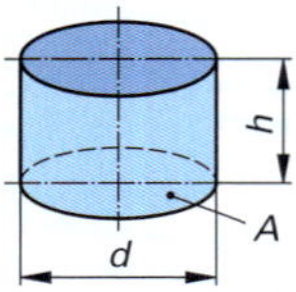

$d = \sqrt{\frac{4 \cdot V}{\pi \cdot h}}$

$A = \frac{V}{h}$

$A_M = \pi \cdot d \cdot h$

$A_O = \pi \cdot d \cdot h + 2 \cdot \frac{\pi \cdot d^2}{4}$

$h = \frac{4 \cdot V}{\pi \cdot d^2}$

$h = \frac{V}{A}$

$$V = \frac{\pi \cdot d^2}{4} \cdot h$$

$$V = A \cdot h$$

Hohlzylinder

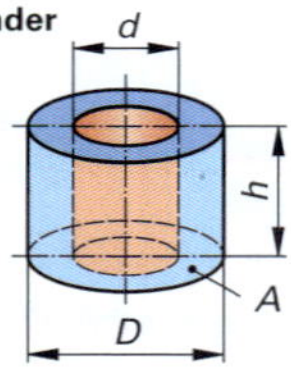

$h = \frac{4 \cdot V}{\pi \cdot (D^2 - d^2)}$

$D = \sqrt{d^2 + \frac{4 \cdot V}{\pi \cdot h}}$

$D = \sqrt{D^2 - \frac{4 \cdot V}{\pi \cdot h}}$

$A_2 = \frac{\pi \cdot D^2}{4}$

$A_1 = \frac{\pi \cdot d^2}{4}$

$A_O = \pi \cdot h \cdot (D + d) + 2 \cdot \frac{\pi \cdot (D^2 - d^2)}{4}$

$$V = \frac{\pi}{4} \cdot (D^2 - d^2) \cdot h$$

$$V = (A_2 - A_1) \cdot h$$

$$V = V_2 - V_1$$

Spitze Körper — $V = A \cdot h/3$

Pyramide

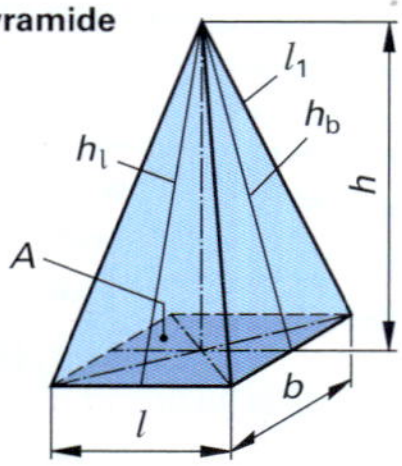

$h = \frac{3 \cdot V}{l \cdot b}$

$b = \frac{3 \cdot V}{l \cdot h}$

$l = \frac{3 \cdot V}{b \cdot h}$

$A = \frac{3 \cdot V}{h}$

$h = \frac{3 \cdot V}{A}$

$h_l = \sqrt{h^2 + b^2/4}$

$h_b = \sqrt{h^2 + l^2/4}$

$l_1 = \sqrt{h_b^2 + b^2/4}$

$l_1 = \sqrt{h_l^2 + l^2/4}$

$A_M = h_l \cdot l + h_b \cdot b$

$A_O = A_M + A$

$$V = \frac{l \cdot b \cdot h}{3}$$

$$V = \frac{A \cdot h}{3}$$

Kegel

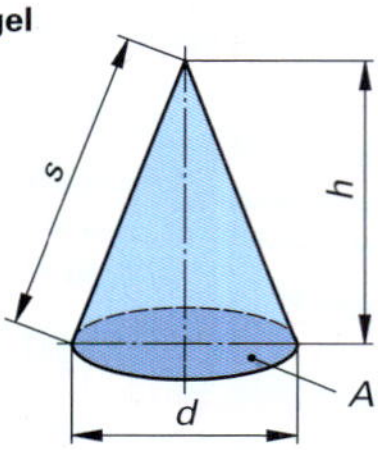

$d = \sqrt{\frac{12 \cdot V}{\pi \cdot h}}$

$A = \frac{3 \cdot V}{h}$

$A_M = \pi \cdot r \cdot \sqrt{h^2 + r^2}$

$A_M = \pi \cdot r \cdot s$

$A_O = A_M + A$

$h = \frac{12 \cdot V}{\pi \cdot d^2}$

$h = \frac{3 \cdot V}{A}$

$A_M = \frac{\pi \cdot d \cdot s}{2}$

$s = \sqrt{h^2 + r^2}$

$$V = \frac{1}{3} \cdot \frac{\pi \cdot d^2}{4} \cdot h$$

$$V = \frac{\pi \cdot d^2 \cdot h}{12}$$

$$V = \frac{A \cdot h}{3}$$

V Volumen	l Länge	h_l Mantelhöhe über l	r Radius	e Eckenmaß (Flächendiagonale)
A Fläche	b Breite	h_b Mantelhöhe über b	A_M Mantelfläche	
h Höhe	D, d Durchmesser	s Mantelhöhe	A_O Oberfläche	f Raumdiagonale

Volumen

Abgestumpfte Körper

Pyramidenstumpf

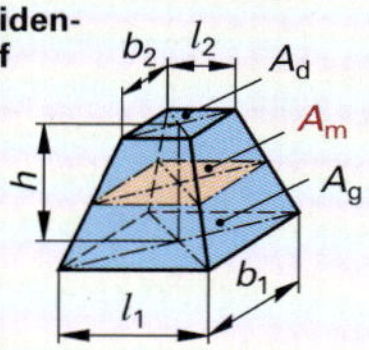

$$A_m = \frac{A_g + A_d}{2}$$

$$V = \frac{h \cdot \left(A_g + A_d + \sqrt{A_g \cdot A_d}\right)}{3}$$

$$V = A_m \cdot h$$

Kegelstumpf

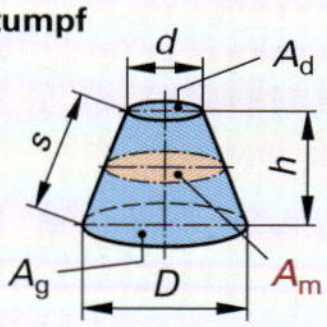

$$A_m = \frac{A_g + A_d}{2}$$

$$A_M = \frac{\pi \cdot (D + d) \cdot s}{2}$$

$$s = \sqrt{h^2 + \left(\frac{D - d}{2}\right)^2}$$

$$V = \frac{\pi \cdot h \cdot (D^2 + d^2 + D \cdot d)}{12}$$

$$V \approx A_m \cdot h$$

$$A_O = A_d + A_M + A_g$$

Kugel

Kugel

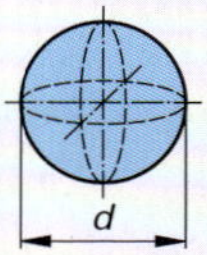

$$d = \sqrt[3]{\frac{6 \cdot V}{\pi}} = \sqrt[3]{\frac{V}{0{,}524}}$$

$$d \approx 1{,}24 \cdot \sqrt[3]{V}$$

$$A_O = \pi \cdot d^2 \qquad d = \sqrt{\frac{A_O}{\pi}}$$

$$V = \frac{\pi \cdot d^3}{6}$$

$$V = 0{,}524 \cdot d^3$$

Kugelabschnitt (Kugelsegment)

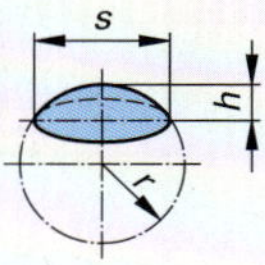

$$A_M = \pi \cdot d \cdot h$$

$$A_M = \frac{\pi \cdot (s^2 + 4 \cdot h^2)}{4}$$

$$A_O = \pi \cdot h \cdot (4 \cdot r - h)$$

$$V = \pi \cdot h^2 \cdot \left(r - \frac{h}{3}\right)$$

$$V = \pi \cdot h \cdot \left(\frac{s^2}{8} + \frac{h^2}{6}\right)$$

Kugelausschnitt (Kugelsektor)

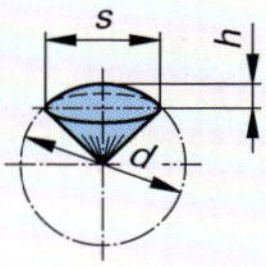

$$A_M = A_O$$

$$A_O = \frac{\pi \cdot d \cdot (4 \cdot h + s)}{4}$$

$$d = \sqrt{\frac{6 \cdot V}{\pi \cdot h}} \qquad h = \frac{6 \cdot V}{\pi \cdot d^2}$$

$$V = \frac{\pi \cdot d^2 \cdot h}{6}$$

Kugelschicht (Kugelzone)

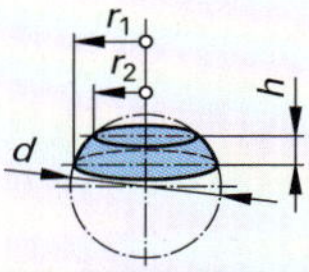

$$A_M = \pi \cdot d \cdot h$$

$$A_O = \pi \cdot (d \cdot h + r_1^2 + r_2^2)$$

$$V = \frac{\pi \cdot h \cdot (3 \cdot r_1^2 + 3 \cdot r_2^2 + h^2)}{6}$$

Zusammengesetzte Körper

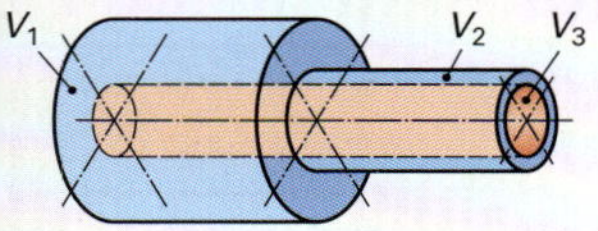

Durch Addition und Subtraktion der Teilkörper erhält man das Gesamtvolumen.

$$V_{ges} = V_1 \pm V_2 \pm V_3 \pm \ldots$$

V	Volumen	A_O	Oberfläche	A	Fläche	b	Breite	d_m	mittlerer Durchmesser
A_m	Mittelfläche	A_d	Deckfläche	h	Höhe	r	Halbmesser	d	Durchmesser
A_g	Grundfläche	A_M	Mantelfläche	l	Länge	D, d	Durchmesser	s	Mantelhöhe, Länge

Dichte, Masse

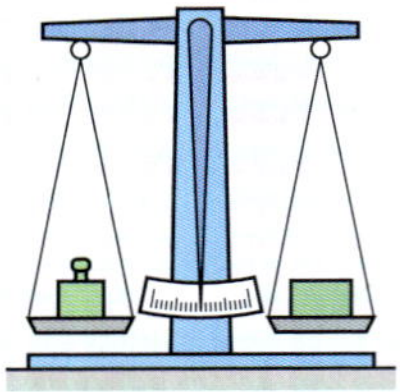

ϱ Dichte in $\frac{g}{cm^3}$ bzw. $\frac{kg}{dm^3}$ bzw. $\frac{t}{m^3}$

m Masse in g bzw. kg bzw. t

V Volumen in cm^3 bzw. dm^3 bzw. m^3

1 g/l = 1 g/dm^3 = 1 kg/m^3
1 g/cm^3 = 1 kg/dm^3 = 1 t/m^3

Die Dichte von Gasen ist abhängig von Druck und Temperatur. Sie wird deshalb für Normalbedingungen (1013 hPa, 1,013 bar, 0 °C) in kg/m^3 angegeben.

$$\varrho = \frac{m}{V}$$

$$m = V \cdot \varrho$$

$$V = \frac{m}{\varrho}$$

Kraft

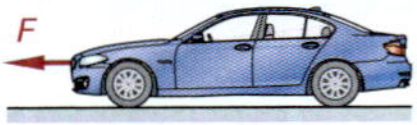

Kraftrichtung: beliebig

F Kraft in N
m Masse in kg
a Beschleunigung in m/s^2
Verzögerung in m/s^2

$$m = \frac{F}{a}$$

$$a = \frac{F}{m}$$

$$F = m \cdot a$$

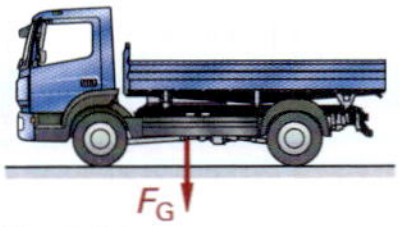

Kraftrichtung:
Richtung Erdmittelpunkt

Gewichtskraft

F_G Gewichtskraft in N
m Masse in kg
g Fallbeschleunigung in m/s^2
$g \approx 9{,}81\ m/s^2$ bzw.
$g \approx 10\ m/s^2$

$$1\ N = 1\ kg \cdot 1\ m/s^2 = 1\ \frac{kg \cdot m}{s^2}$$

$$F_G = m \cdot g$$

$$m = \frac{F_G}{g}$$

Kräftezusammensetzung und Kräftezerlegung

Gleiche Richtung und gleiche Wirkungslinie

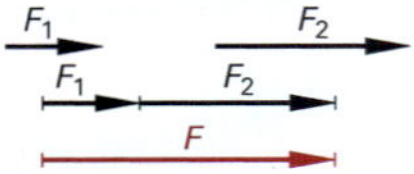

Greifen an einem Punkt mehrere Kräfte (Teilkräfte) an, die die gleiche Wirkungslinie und die gleiche Richtung haben, so können sie zu einer Ersatzkraft (Resultierende) zusammengefasst werden.

F Ersatzkraft in N
F_1, F_2 Teilkräfte in N

$$F = F_1 + F_2 + \ldots$$

Entgegengesetzte Richtung, aber gleiche Wirkungslinie

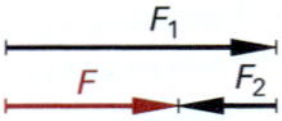

Die Ersatzkraft wird durch Abziehen ermittelt.

F Ersatzkraft in N
F_1, F_2 Teilkräfte in N

$$F = F_1 - F_2 - \ldots$$

Kraft in Teilkräfte zerlegt

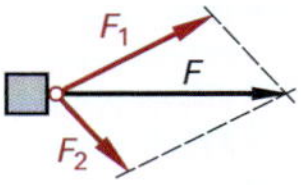

Die Teilkräfte werden mit Hilfe des Kräfteparallelogramms ermittelt. Die Wirkungslinien der Teilkräfte müssen bekannt sein.

F Ersatzkraft in N
F_1, F_2 Teilkräfte in N

Kräfte am Hang

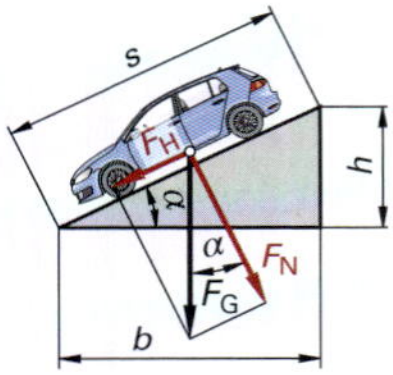

F_G Gewichtskraft (lotrecht wirkend) in N
F_N Normalkraft (senkrecht auf die Ebene wirkend) in N
F_H Hangabtriebskraft in N
s Länge der schiefen Ebene in m
b Horizontale Länge in m
h Höhenunterschied in m
α Steigungswinkel in °
m Masse (Gewicht) des Körpers in kg
g Fallbeschleunigung 9,81 m/s^2

$$F_N = \frac{F_G \cdot b}{s}$$

$$F_N = \frac{m \cdot g \cdot b}{s}$$

$$F_H = \frac{F_G \cdot h}{s}$$

Fliehkraft (Zentrifugalkraft)

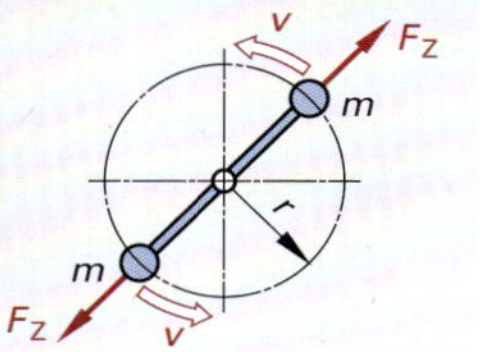

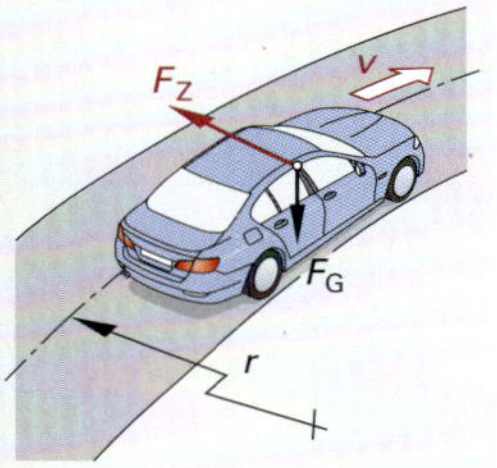

- F_Z Fliehkraft in N
- m Masse (Fahrzeuggewicht) in kg
- v Geschwindigkeit in m/s
- v_{max} maximale Fahrgeschwindigkeit in m/s
- r Radius (Kurvenradius) in m
- r_{min} kleinster Kurvenradius in m
- g Fallbeschleunigung in m/s^2
- F_G Gesamtgewichtskraft in N
- μ_H Haftreibungszahl
- F_H Haftreibungskraft in N
- F_R Reibungskraft in N
- F_{Zmax} größte wirksame Fliehkraft in N
- α Neigungswinkel in Grad zur Senkrechten

$$F_Z = \frac{m \cdot v^2}{r}$$

$$v = \sqrt{\frac{F_Z \cdot r}{m}}$$

$$r = m \cdot \frac{v^2}{F_Z}$$

$$v_{max} = \sqrt{g \cdot r \cdot \mu_H}$$

v in km/h:

$$F_Z = \frac{m \cdot v^2}{12{,}96 \cdot r}$$

$$v = 3{,}6 \cdot \sqrt{\frac{F_Z \cdot r}{m}}$$

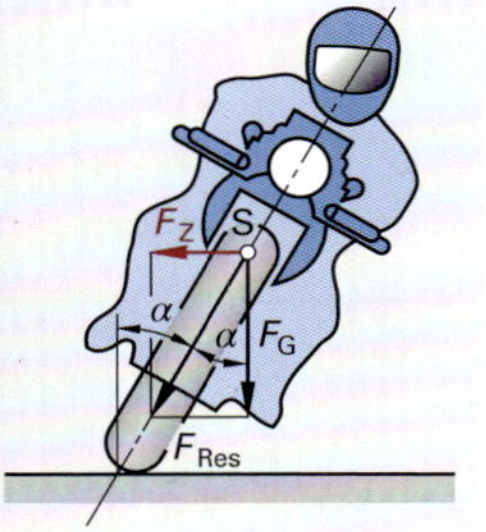

Schleuderbeginn bei Überschreiten der maximalen Kurvengeschwindigkeit v_{max}

$$F_{Zmax} \leq F_R$$

$$F_{Zmax} \leq m \cdot g \cdot \mu_H$$

$$r_{min} \geq \frac{v^2}{12{,}96 \cdot g \cdot \mu_H}$$

$$F_G = m \cdot g$$

$$\tan \alpha = \frac{F_Z}{F_G}$$

$$F_Z = F_G \cdot \tan \alpha$$

$$\tan \alpha = \frac{v^2}{g \cdot r}$$

$$v = \sqrt{g \cdot r \cdot \tan \alpha}$$

v in km/h:

$$\tan \alpha = \frac{v^2}{12{,}96 \cdot g \cdot r}$$

$$v = 3{,}6 \cdot \sqrt{g \cdot r \cdot \tan \alpha}$$

Zustand	**Kräfte**	
Haften	$F_Z < F_H$	$F_Z < F_G \cdot \mu_H$
Grenzbereich	$F_Z = F_H$	$F_Z = F_G \cdot \mu_H$
Rutschen/Schleudern	$F_Z > F_H$	$F_Z > F_G \cdot \mu_H$

Fliehkraft bei überhöhter Kurve

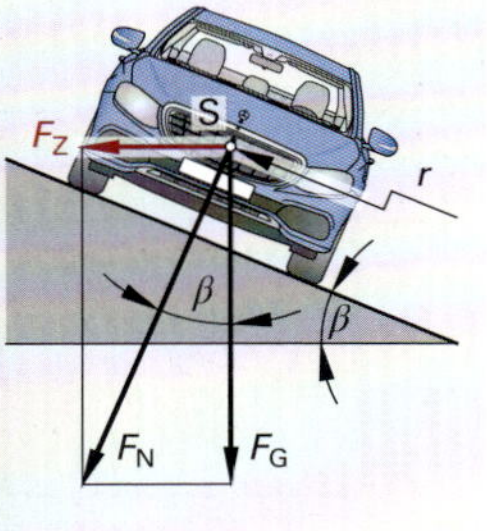

- F_Z Fliehkraft in N
- F_G Gewichtskraft in N
- m Fahrzeugmasse in kg
- g Fallbeschleunigung in m/s^2
- r Kurvenradius in m
- v Geschwindigkeit in m/s
- β Kurvenüberhöhung in Grad (Neigungswinkel der Fahrbahn)

$$\tan \beta = \frac{F_Z}{F_G}$$

Optimaler Neigungswinkel, wenn F_N senkrecht auf die Fahrbahn wirkt.

$$F_Z = F_G \cdot \tan \beta$$

$$\tan \beta = \frac{v^2}{g \cdot r}$$

Geschwindigkeit

Gleichförmige Geschwindigkeit, Durchschnittsgeschwindigkeit

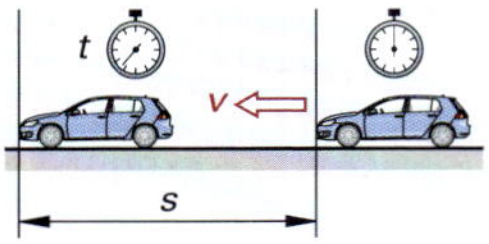

v Geschwindigkeit in m/s, km/h
s Weg in m, km
t Zeit in s, h

$$1\,\frac{\text{m}}{\text{s}} = 3{,}6\,\frac{\text{km}}{\text{h}}$$

$$1\text{ h} = 3600\text{ s}$$

$$v = \frac{s}{t}$$

$$t = \frac{s}{v}$$

$$s = v \cdot t$$

Durchschnittsgeschwindigkeit aus Einzelgeschwindigkeiten

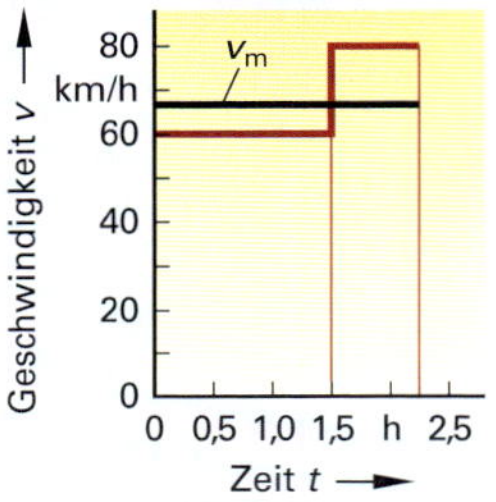

v_m Durchschnittsgeschwindigkeit in km/h
$v_1, v_2, \ldots$ Einzelgeschwindigkeiten in km/h
$t_1, t_2, \ldots$ Einzelfahrzeiten in h

$$v_m = \frac{v_1 \cdot t_1 + v_2 \cdot t_2 + \ldots}{t_1 + t_2 + \ldots}$$

bei $t_1 = t_2$ gilt:

$$v_m = \frac{v_1 + v_2}{2}$$

Umfangsgeschwindigkeit

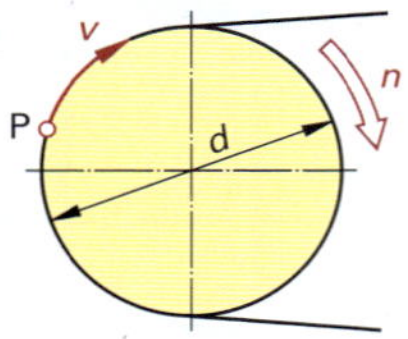

v Umfangsgeschwindigkeit in m/s
d Kreisdurchmesser in m
n Drehzahl in 1/min

$$v = \frac{\pi \cdot d \cdot n}{60}$$

$$d = \frac{60 \cdot v}{\pi \cdot n}$$

$$n = \frac{60 \cdot v}{\pi \cdot d}$$

Schnittgeschwindigkeit

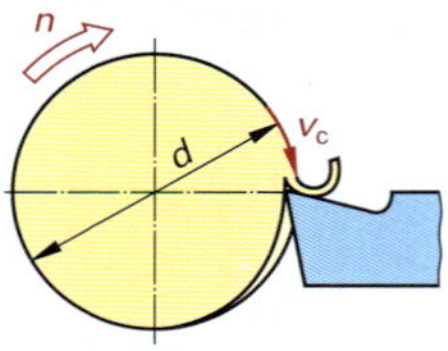

v_c Schnittgeschwindigkeit in m/min
d Werkstückdurchmesser bzw. Werkzeugdurchmesser in mm
n Drehzahl der Arbeitsspindel bzw. der Werkzeugspindel in 1/min

$$v_c = \frac{\pi \cdot d \cdot n}{1000}$$

$$d = \frac{1000 \cdot v_c}{\pi \cdot n}$$

$$n = \frac{1000 \cdot v_c}{\pi \cdot d}$$

Winkelgeschwindigkeit

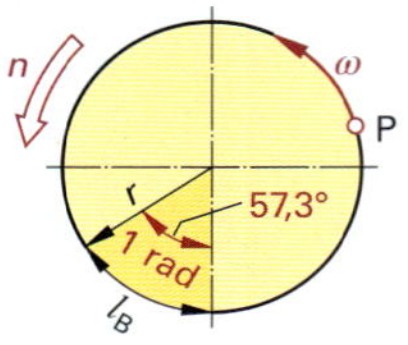

ω Winkelgeschwindigkeit in 1/s oder rad/s
$2 \cdot \pi$ Vollwinkel in rad
n Drehzahl in 1/s
r Radius, Halbmesser in m
v Umfangsgeschwindigkeit in m/s

$$1\text{ rad} = \frac{1\text{ m (Bogen)}}{1\text{ m (Radius)}} \approx 57{,}3°$$

$$\omega = 2 \cdot \pi \cdot n$$

$$n = \frac{\omega}{2 \cdot \pi}$$

$$v = \omega \cdot r$$

Beschleunigung, Verzögerung

Beschleunigung aus dem Stand oder Verzögerung (Bremsung) bis zum Stand

Beschleunigung *a* **Verzögerung *a*** in m/s²	$a = \frac{v}{t}$	$a = \frac{v^2}{2 \cdot s}$	$a = \frac{2 \cdot s}{t^2}$
Endgeschwindigkeit *v* **Anfangsgeschwindigkeit *v*** in m/s	$v = a \cdot t$	$v = \frac{2 \cdot s}{t}$	$v = \sqrt{2 \cdot a \cdot s}$
Beschleunigungszeit *t* **Verzögerungszeit *t*** **(Bremszeit)** in s	$t = \frac{v}{a}$	$t = \frac{2 \cdot s}{v}$	$t = \sqrt{\frac{2 \cdot s}{a}}$
Beschleunigungsweg *s* **Verzögerungsweg *s*** **(Bremsweg)** in m	$s = \frac{v \cdot t}{2}$	$s = \frac{v^2}{2 \cdot a}$	$s = \frac{a \cdot t^2}{2}$

Anhalteweg, Reaktionsweg, Bremsweg (Geschwindigkeit *v* in m/s einsetzen)

Anhalteweg s_A in m	$s_A = s_R + s$	$s_A = v \cdot t_R + \frac{v^2}{2 \cdot a}$	$s_A = v \cdot t_R + \frac{a \cdot t^2}{2}$	$s_A = v \cdot \left(t_R + \frac{t}{2}\right)$
Reaktionsweg s_R in m	$s_R = s_A - s$	$s_R = v \cdot t_R$	$s_R = v \cdot (t_A - t)$	$s_R = v \cdot t_A - 2 \cdot s$
Bremsweg *s* in m	$s = s_A - s_R$	$s = \frac{v^2}{2 \cdot a}$	$s = \frac{a \cdot t^2}{2}$	$s = \frac{v \cdot t}{2}$
Anhaltezeit t_A in s	$t_A = t_R + t$	$t_A = t_R + \frac{v}{a}$	$t_A = t_R + \sqrt{\frac{2 \cdot s}{a}}$	$t_A = t_R + \frac{2 \cdot s}{v}$
Reaktionszeit t_R in s	$t_R = t_A - t$	$t_R = \frac{s_R}{v}$	$t_R = t_A - \sqrt{\frac{2 \cdot s}{a}}$	$t_R = t_A - \frac{2 \cdot s}{v}$
Bremszeit *t* in s	$t = t_A - t_R$	$t = \frac{v}{a}$	$t = \sqrt{\frac{2 \cdot s}{a}}$	$t = \frac{2 \cdot s}{v}$

Beschleunigung in der Bewegung oder Verzögerung in der Bewegung

Beschleunigung *a* **Verzögerung *a*** in m/s²	$a = \frac{v_2 - v_1}{t}$	$a = \frac{v_2^2 - v_1^2}{2 \cdot s}$	$a = \frac{2 \cdot s - 2 \cdot v_1 \cdot t}{t^2}$	$a = \frac{2 \cdot v_2 \cdot t - 2 \cdot s}{t^2}$
Kleinere Geschwindigkeit v_1 in m/s	$v_1 = v_2 - a \cdot t$	$v_1 = \frac{2 \cdot s}{t} - v_2$	$v_1 = \frac{s}{t} - \frac{a \cdot t}{2}$	$v_1 = \sqrt{v_2^2 - 2 \cdot a \cdot s}$
Größere Geschwindigkeit v_2 in m/s	$v_2 = v_1 + a \cdot t$	$v_2 = \frac{2 \cdot s}{t} - v_1$	$v_2 = \frac{s}{t} + \frac{a \cdot t}{2}$	$v_2 = \sqrt{v_1^2 + 2 \cdot a \cdot s}$
Beschleunigungszeit *t* **Verzögerungszeit *t*** **(Bremszeit)** in s	$t = \frac{v_2 - v_1}{a}$	$t = \frac{2 \cdot s}{v_1 + v_2}$	$t = \frac{\sqrt{v_1^2 + 2 \cdot a \cdot s} - v_1}{a}$	$t = \frac{v_2 - \sqrt{v_2^2 - 2 \cdot a \cdot s}}{a}$
Beschleunigungsweg *s* **Verzögerungsweg *s*** **(Bremsweg)** in m	$s = \frac{(v_1 + v_2)}{2} \cdot t$	$s = \frac{v_2^2 - v_1^2}{2 \cdot a}$	$s = v_1 \cdot t + \frac{a \cdot t^2}{2}$	$s = v_2 \cdot t - \frac{a \cdot t^2}{2}$

Umrechnung: $1 \frac{\text{m}}{\text{s}} = 3{,}6 \frac{\text{km}}{\text{h}}$; $1 \frac{\text{km}}{\text{h}} = \frac{1}{3{,}6} \frac{\text{m}}{\text{s}}$

Überholen

Überholen mit gleichbleibender Geschwindigkeit

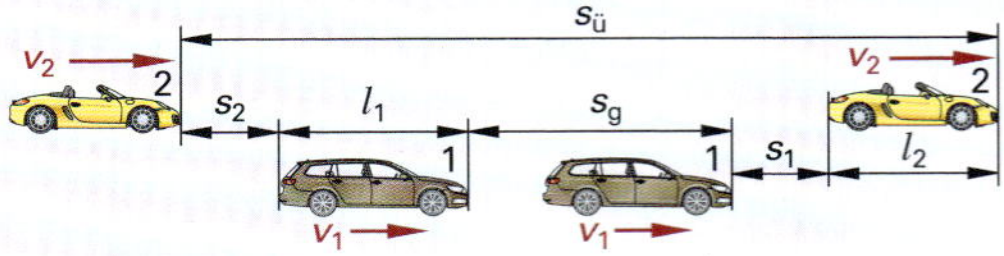

Das überholende Kfz 2 hat eine größere Geschwindigkeit als das zu überholende Kfz 1. Beide Fahrzeuge ändern ihre Geschwindigkeit während des Überholvorganges nicht.

l_1, l_2 Fahrzeuglängen in m

Der Sicherheitsabstand in m entspricht dem halben Zahlenwert der Tachoanzeige.

Sicherheitsabstände Kfz 1 und Kfz 2 s_1 in m; s_2 in m	$s_1 = \frac{\lvert v_1 \rvert}{2}$	$s_2 = \frac{\lvert v_2 \rvert}{2}$		
Grundweg Kfz 1 s_g in m	$s_g = v_1 \cdot t_{\text{ü}}$	$s_g = s_{\text{ü}} - s_a$	$s_g = v_2 \cdot t_{\text{ü}} - s_a$	$s_g = \frac{s_a \cdot v_1}{v_2 - v_1}$
Aufholweg Kfz 2 s_a in m	$s_a = l_1 + l_2 + s_1 + s_2$	$s_a = s_{\text{ü}} - s_g$	$s_a = (v_2 - v_1) \cdot t_{\text{ü}}$	$s_a = \frac{v_2 - v_1}{v_2} \cdot s_{\text{ü}}$
Überholweg Kfz 2 $s_{\text{ü}}$ in m	$s_{\text{ü}} = s_g + s_a$	$s_{\text{ü}} = v_2 \cdot t_{\text{ü}}$	$s_{\text{ü}} = s_g \cdot \frac{v_2}{v_1}$	$s_{\text{ü}} = \frac{s_a \cdot v_2}{v_2 - v_1}$
Überholzeit Kfz 2 $t_{\text{ü}}$ in s	$t_{\text{ü}} = \frac{s_{\text{ü}}}{v_2}$	$t_{\text{ü}} = \frac{s_g}{v_1}$	$t_{\text{ü}} = \frac{s_a}{v_2 - v_1}$	$t_{\text{ü}} = \frac{s_{\text{ü}} - s_a}{v_1}$
Geschwindigkeit Kfz 1 v_1 in m/s	$v_1 = \frac{s_g}{t_{\text{ü}}}$	$v_1 = v_2 - \frac{s_a}{t_{\text{ü}}}$	$v_1 = \frac{s_{\text{ü}} - s_a}{t_{\text{ü}}}$	$v_1 = v_2 - \frac{s_a \cdot v_2}{s_{\text{ü}}}$
Geschwindigkeit Kfz 2 v_2 in m/s	$v_2 = \frac{s_{\text{ü}}}{t_{\text{ü}}}$	$v_2 = v_1 + \frac{s_a}{t_{\text{ü}}}$	$v_2 = \frac{s_g + s_a}{t_{\text{ü}}}$	$v_2 = \frac{s_a \cdot v_1}{s_g} + v_1$

Überholen mit gleichbleibender Beschleunigung

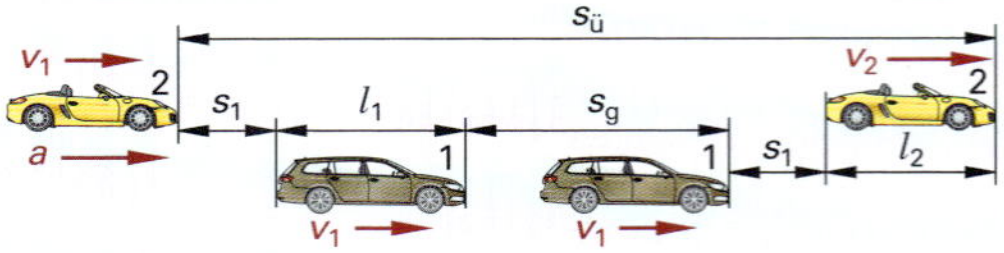

Die Geschwindigkeit des zu überholenden Kfz 1 beträgt gleichbleibend v_1; das überholende Kfz 2 beschleunigt während des Überholvorganges gleichmäßig von v_1 auf v_2.

l_1, l_2 Fahrzeuglängen in m

Der Sicherheitsabstand in m entspricht dem halben Zahlenwert der Tachoanzeige.

Sicherheitsabstände Kfz 1 und Kfz 2 s_1 in m; s_2 in m	$s_1 = \frac{\lvert v_1 \rvert}{2}$			
Grundweg Kfz 1 s_g in m	$s_g = v_1 \cdot t_{\text{ü}}$	$s_g = s_{\text{ü}} - s_a$	$s_g = s_{\text{ü}} - \frac{a \cdot t_{\text{ü}}^2}{2}$	$s_g = \frac{v_1}{a} \cdot (v_2 - v_1)$
Aufholweg Kfz 2 s_a in m	$s_a = l_1 + l_2 + s_1 + s_2$	$s_a = s_{\text{ü}} - s_g$	$s_a = \frac{a \cdot t_{\text{ü}}^2}{2}$	$s_a = \frac{v_2 - v_1}{2} \cdot t_{\text{ü}}$
Überholweg Kfz 2 $s_{\text{ü}}$ in m	$s_{\text{ü}} = s_g + s_a$	$s_{\text{ü}} = v_1 \cdot t_{\text{ü}} + s_a$	$s_{\text{ü}} = v_1 \cdot t_{\text{ü}} + \frac{a \cdot t_{\text{ü}}^2}{2}$	$s_{\text{ü}} = \frac{v_1 + v_2}{2} \cdot t_{\text{ü}}$
Überholzeit Kfz 2 $t_{\text{ü}}$ in s	$t_{\text{ü}} = \frac{s_{\text{ü}}}{v_1}$	$t_{\text{ü}} = \sqrt{\frac{2 \cdot s_a}{a}}$	$t_{\text{ü}} = \frac{v_2 - v_1}{a}$	$t_{\text{ü}} = \frac{2 \cdot s_a}{v_2 - v_1}$
Geschwindigkeit Kfz 1 v_1 in m/s	$v_1 = \frac{s_g}{t_{\text{ü}}}$	$v_1 = v_2 - a \cdot t_{\text{ü}}$	$v_1 = \frac{2 \cdot s_{\text{ü}}}{t_{\text{ü}}} - v_2$	$v_1 = v_2 - \frac{2 \cdot s_a}{t_{\text{ü}}}$
Endgeschwindigkeit Kfz 2 v_2 in m/s	$v_2 = v_1 + a \cdot t_{\text{ü}}$	$v_2 = \frac{2 \cdot s_a}{t_{\text{ü}}} + v_1$	$v_2 = \frac{2 \cdot s_{\text{ü}}}{t_{\text{ü}}} - v_1$	$v_2 = \frac{s_{\text{ü}}}{t_{\text{ü}}} + \frac{a \cdot t_{\text{ü}}}{2}$

Arbeit

W Arbeit in Nm, J, Ws
F Kraft in N
s Kraftweg in m

$$1\ \text{Nm} = 1\ \text{J} = 1\ \text{Ws} = 1\ \text{kg} \cdot \text{m}^2/\text{s}^2$$

$$\mathbf{1\ kWh = 3600000\ Ws = 3{,}6 \cdot 10^6\ Ws}$$

$$W = F \cdot s$$

$$F = \frac{W}{s}$$

$$s = \frac{W}{F}$$

Energie

Lageenergie

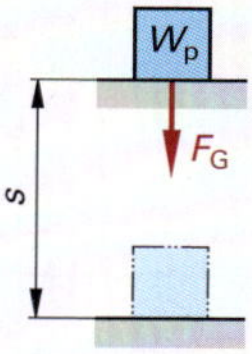

Potenzielle Energie, Energie der Ruhe

W_p Lageenergie in Nm, J, Ws
F_G Gewichtskraft in N
h Hubhöhe in m

$$W_p = F_G \cdot h$$

$$F_G = \frac{W_p}{h} \qquad h = \frac{W_p}{F_G}$$

Spannenergie

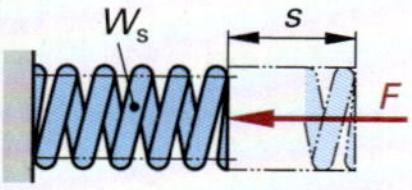

W_s Spannenergie in Nm, J, Ws
s Federweg in m
F Federspannkraft in N

$$W_s = \frac{F \cdot s}{2}$$

$$F = \frac{2 \cdot W_s}{s} \qquad s = \frac{2 \cdot W_s}{F}$$

Kinetische Energie, Bewegungsenergie

W_k kinetische Energie in Nm, J, Ws
m Masse in kg
v Geschwindigkeit in m/s

$$W_k = \frac{m \cdot v^2}{2}$$

$$m = \frac{2 \cdot W_k}{v^2} \qquad v = \sqrt{\frac{2 \cdot W_k}{m}}$$

Goldene Regel der Mechanik: Aufgewendete Arbeit = gewonnene Arbeit $W_1 = W_2$

Schiefe Ebene

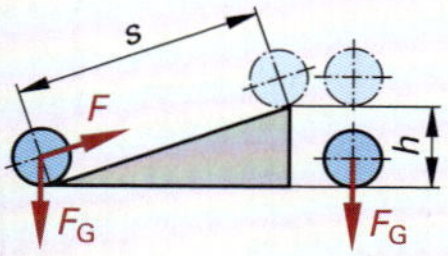

F Kraft in N
s Kraftweg in m
F_G Gewichtskraft in N
h Weg der Gewichtskraft in m
W_1 aufgewendete Arbeit in Nm
W_2 abgegebene Arbeit in Nm

$$F \cdot s = F_G \cdot h$$

$$F_G = \frac{F \cdot s}{h} \qquad s = \frac{F_G \cdot h}{F}$$

$$W_1 = W_2$$

Montagevorspannkraft

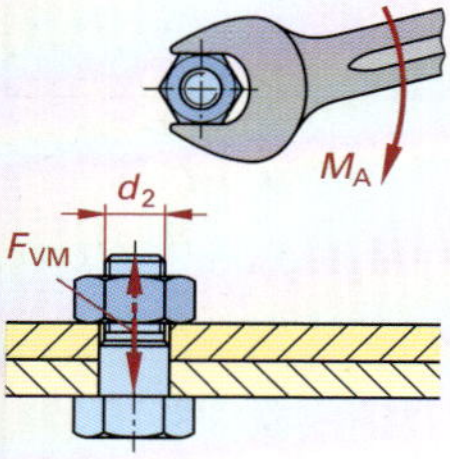

M_A Anzugdrehmoment in Nm
F_{VM} Montagevorspannkraft in N
d_2 Flankendurchmesser in m

$$F_{VM} \approx \frac{M_A}{0{,}2 \cdot d_2}$$

$$M_A \approx 0{,}2 \cdot F_{VM} \cdot d_2$$

Näherungsformel gilt für metrische Regelgewinde (nicht geschmiert).

Durch unterschiedliche Reibverhältnisse können sich Abweichungen ergeben.

Leistung

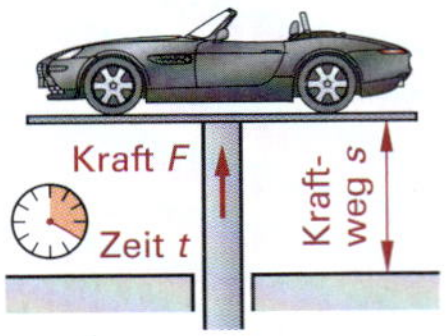

- P Leistung in W, Nm/s, J/s
- W Arbeit in Ws, Nm, J
- t Zeit in s
- F Kraft in N
- s Kraftweg in m
- v Geschwindigkeit in m/s

$$P = \frac{W}{t}$$

$$W = P \cdot t \qquad t = \frac{W}{P}$$

$$P = \frac{F \cdot s}{t}$$

$$F = \frac{P \cdot t}{s} \qquad s = \frac{P \cdot t}{F}$$

$$t = \frac{F \cdot s}{P}$$

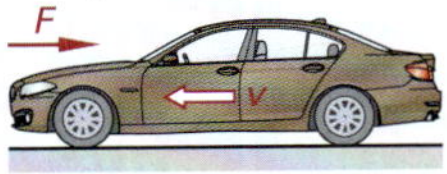

$$\mathbf{1\,W = 1\,\frac{Nm}{s} = 1\,\frac{J}{s}}$$

$$\mathbf{1\,kW = 1000\,W}$$

$$P = F \cdot v$$

$$F = \frac{P}{v} \qquad v = \frac{P}{F}$$

Motor mit Schwungrad

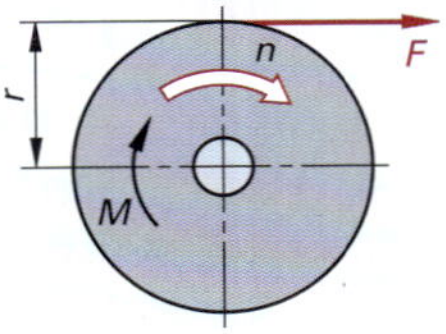

- P Leistung in kW
- M Drehmoment in Nm
- n Drehzahl in 1/min
- F Kraft in Nm
- r Radius in m

$$P = \frac{M \cdot n}{9550}$$

$$M = \frac{9550 \cdot P}{n}$$

$$n = \frac{9550 \cdot P}{M}$$

Wirkungsgrad, Gesamtwirkungsgrad

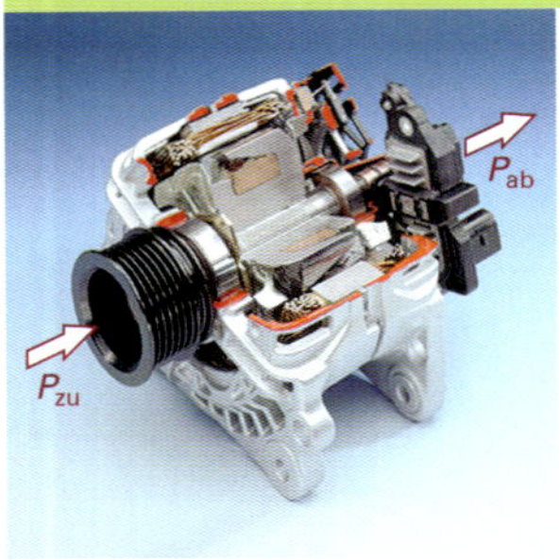

- W_v Energieverlust in Nm, Ws
- η Wirkungsgrad
- η_{ges} Gesamtwirkungsgrad
- η_1, η_2, η_3 Einzelwirkungsgrade
- W_{ab} abgegebene Arbeit in Nm, Ws
- W_{zu} zugeführte Arbeit in Nm, Ws
- P_v Verlustleistung in W, kW
- P_{ab} abgegebene Leistung in W, kW
- P_{zu} zugeführte Leistung in W, kW

Nutzwirkungsgrade

Elektromotor	0,85
Ottomotor	0,40
Dieselmotor	0,48
Wechselgetriebe	0,95

Der Wirkungsgrad ist stets kleiner als 1 oder weniger als 100 %.

$$W_v = W_{zu} - W_{ab}$$

$$\eta = \frac{W_{ab}}{W_{zu}}$$

$$W_{ab} = \eta \cdot W_{zu}$$

$$W_{zu} = \frac{W_{ab}}{\eta}$$

$$P_v = P_{zu} - P_{ab}$$

$$\eta = \frac{P_{ab}}{P_{zu}}$$

$$P_{ab} = \eta \cdot P_{zu}$$

$$P_{zu} = \frac{P_{ab}}{\eta}$$

$$\eta_{ges} = \eta_1 \cdot \eta_2 \cdot \eta_3 \cdot \ldots$$

Drehmoment

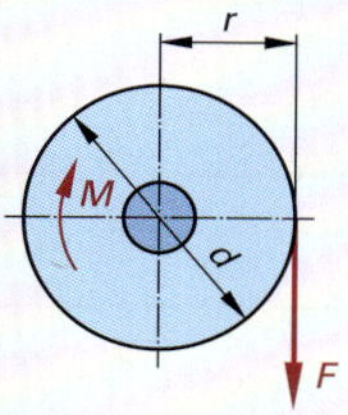

Greift eine Kraft an einem Hebelarm an, so wird ein Drehmoment erzeugt. Der Hebelarm ist der senkrechte Abstand der Wirkungslinie der Kraft vom Drehpunkt.

M Drehmoment in Nm
F Kraft in N
r Hebelarm in m
d Durchmesser in m

$$M = F \cdot r$$

$$F = \frac{M}{r} = \frac{2 \cdot M}{d}$$

$$r = \frac{M}{F}$$

Hebelgesetz

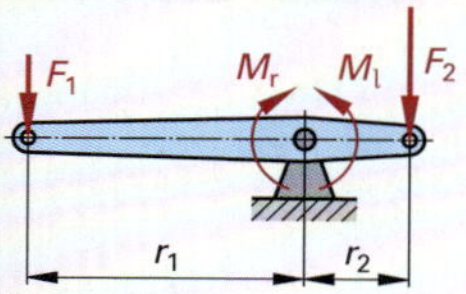

Zweiseitiger Hebel

Hebelgesetz:
Summe aller linksdrehenden Momente
= Summe aller rechtsdrehenden Momente (Momentengleichgewicht).

$$\Sigma \overset{\curvearrowleft}{M}_l = \Sigma \overset{\curvearrowright}{M}_r$$

$$F_1 \cdot r_1 = F_2 \cdot r_2$$

$$\frac{F_1}{F_2} = \frac{r_2}{r_1}$$

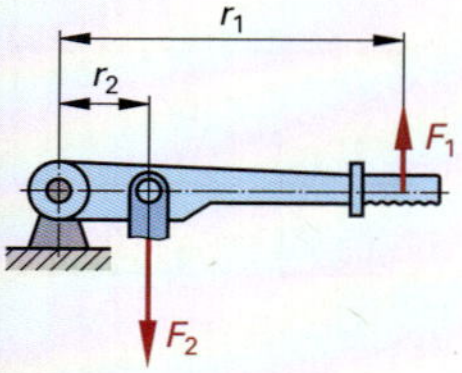

Einseitiger Hebel

$\overset{\curvearrowleft}{M}_l$ linksdrehende Momente in Nm
$\overset{\curvearrowright}{M}_r$ rechtsdrehende Momente in Nm
F_1, F_2 Kraft in N
r_1, r_2 wirksamer Hebelarm in m
i_F Kraftübersetzung
i_R Hebelarmübersetzung
r_1^*, r_2^* Bauteillänge in m

$$F_1 = \frac{F_2 \cdot r_2}{r_1}$$

$$r_1 = \frac{F_2 \cdot r_2}{F_1}$$

$$F_2 = \frac{F_1 \cdot r_1}{r_2}$$

$$r_2 = \frac{F_1 \cdot r_1}{F_2}$$

$$i_F = \frac{F_1}{F_2}$$

$$i_r = \frac{r_2}{r_1}$$

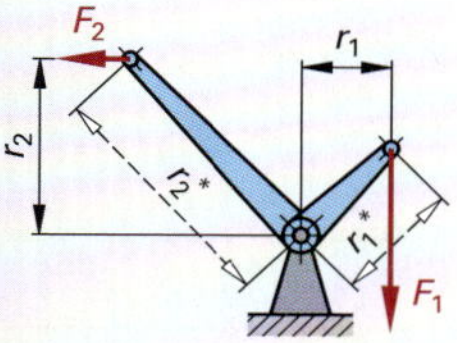

Winkelhebel

Flaschenzug

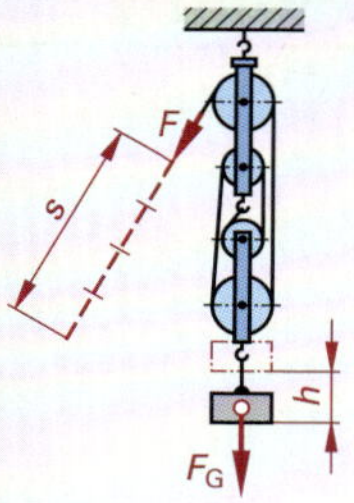

F Kraft in N
F_G Gewichtskraft in N
z Anzahl der Rollen
s Kraftweg in m
h Hubhöhe in m

$$F = \frac{F_G}{z}$$

$$F_G = z \cdot F \qquad z = \frac{F_G}{F}$$

$$s = z \cdot h$$

$$h = \frac{s}{z} \qquad z = \frac{s}{h}$$

Festigkeit

Zugbeanspruchung

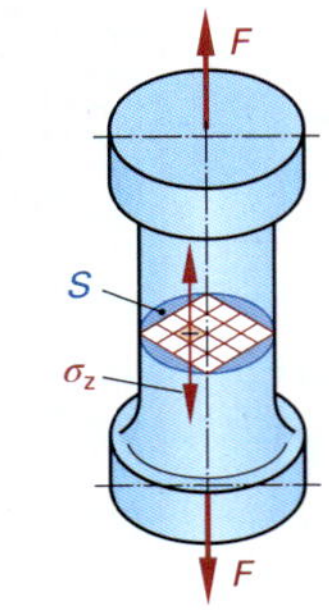

- σ_z Zugspannung in N/mm^2
- σ_{zul} zulässige Zugspannung in N/mm^2
- R_m Zugfestigkeit (Bruchfestigkeit) in N/mm^2
- F Zugkraft in N
- F_m größte Zugkraft (Bruchkraft) in N
- F_{zul} zulässige Zugkraft in N
- S Querschnitt in mm^2
- ν Sicherheitszahl (Sicherheit)

*) Abhängig vom Werkstoff wird eingesetzt:
- spröder Werkstoff (EN-GJL) Zugfestigkeit R_m
- zäher Werkstoff (St $\leq$ 600 N/mm^2) Streckgrenze R_e
- zäher Werkstoff (St > 600 N/mm^2, Al, Cu) 0,2 % Dehngrenze $R_{p0,2}$

$$\sigma_z = \frac{F}{S}$$

$$R_m = \frac{F_m}{S}$$

$$\sigma_{zul} = \frac{R_m{}^{*)}}{\nu}$$

$$F_{zul} = \sigma_{zul} \cdot S$$

$$S = \frac{F_{zul}}{\sigma_{zul}} \qquad \sigma_{zul} = \frac{F_{zul}}{S}$$

Druckbeanspruchung

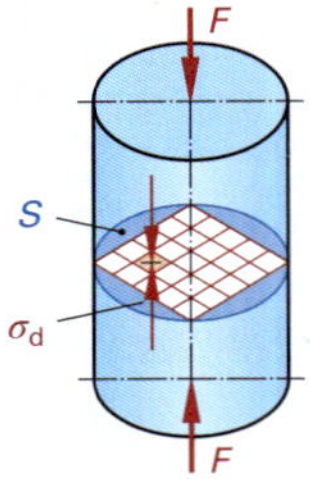

- σ_d Druckspannung in N/mm^2
- σ_{dB} Bruchfestigkeit in N/mm^2 (Bruchgrenze)
- σ_{dzul} zulässige Druckspannung in N/mm^2
- F Druckkraft in N
- F_B Druckkraft bei Bruch (Bruchkraft) in N
- F_{zul} zulässige Druckkraft in N
- S Querschnitt in mm^2
- ν Sicherheitszahl (Sicherheit)
- σ_{dB} für spröde Werkstoffe (Grauguss)
- σ_{dF} (Quetschgrenze) für zähe Werkstoffe bzw. $\sigma_{d0,2}$

$$\sigma_d = \frac{F}{S}$$

$$\sigma_{dB} = \frac{F_B}{S}$$

$$\sigma_{dzul} = \frac{\sigma_{dB}}{\nu}$$

$$F_{zul} = \sigma_{dzul} \cdot S$$

Scherbeanspruchung

einschnittig

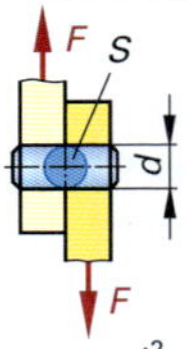

$$S = \frac{\pi \cdot d^2}{4}$$

zweischnittig

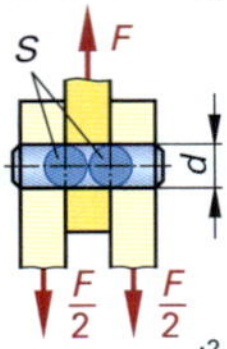

$$S = 2 \cdot \frac{\pi \cdot d^2}{4}$$

- τ_a Scherspannung in N/mm^2
- $\tau_{a\,zul}$ zulässige Scherspannung in N/mm^2
- $F_{a\,zul}$ zulässige Scherkraft in N, bei der der Werkstoff nicht getrennt wird
- S Querschnitt in mm^2
- F_a Scherkraft in N
- R_e Streckgrenze in N/mm^2
- ν Sicherheitszahl (Sicherheit)

Die Scherbeanspruchung kann einschnittig oder mehrschnittig sein.
Bei zweischnittiger Beanspruchung ist der Querschnitt zu verdoppeln.

$$\tau_a = \frac{F_a}{S}$$

$$F_a = \tau_a \cdot S \qquad S = \frac{F_a}{\tau_a}$$

$$\tau_{a\,zul} = \frac{R_e}{\nu}$$

$$F_{a\,zul} = \tau_{a\,zul} \cdot S$$

Flächenpressung

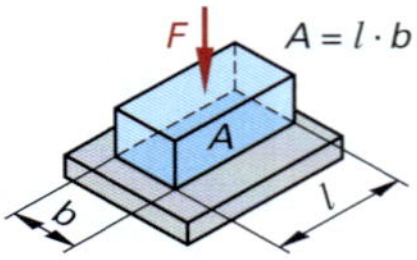

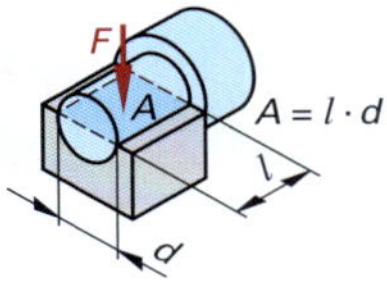

- p Flächenpressung in N/mm^2 Lochleibungsdruck bei Nieten und Bolzen
- F Druckkraft in N
- A rechnerische Berührungsfläche in cm^2; es wird eine Fläche senkrecht zur Kraftrichtung angenommen (Projektionsfläche), z. B. Gleitlager: $A = l \cdot d$
  l = Lagerlänge; d = Lagerdurchmesser

$$p = \frac{F}{A}$$

$$F = p \cdot A \qquad A = \frac{F}{p}$$

Reibung

	Haftreibung	Gleitreibung	Rollreibung
Reibungsart	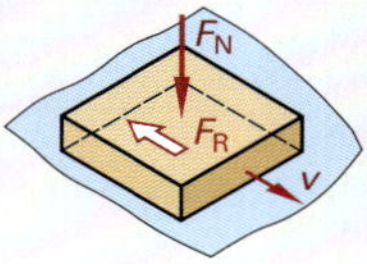	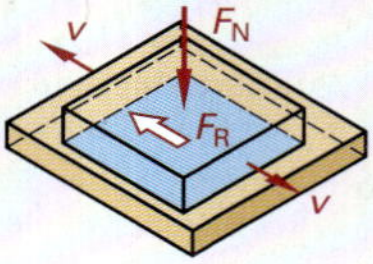	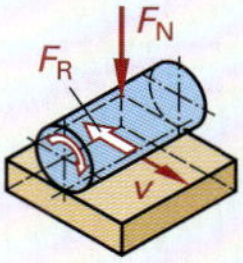
Definitionen	Widerstand, den ein Körper dem Verschieben auf seiner Unterlage entgegensetzt.	Widerstand, den ein gleitender Körper der Bewegung entgegensetzt.	Widerstand, den ein rollender Körper der Bewegung entgegensetzt.
Reibungszahl μ	Haftreibungszahl $\mu_H = \frac{F_R}{F_N}$	Gleitreibungszahl $\mu_G = \frac{F_R}{F_N}$	Rollreibungszahl $\mu_R = \frac{F_R}{F_N}$
Reibungskraft F_R in N	$F_R = F_N \cdot \mu_H$	$F_R = F_N \cdot \mu_G$	$F_R = F_N \cdot \mu_R$
Normalkraft F_N in N	$F_N = \frac{F_R}{\mu_H}$	$F_N = \frac{F_R}{\mu_G}$	$F_N = \frac{F_R}{\mu_R}$

Reibungsarbeit

1 J = 1 Nm = 1 Ws

3 600 000 Ws = 1 kWh

W_R Reibungsarbeit in Nm = Reibungswärme in J
Q_R Reibungswärme in J
F_R Reibungskraft in N
s Reibungsweg in m

$$W_R = F_R \cdot s$$

$$F_R = \frac{W_R}{s}$$

$$Q_R = W_R$$

Reibungsleistung

$$1\,\frac{\text{Nm}}{\text{s}} = 1\,\frac{\text{J}}{\text{s}} = 1\,\text{W}$$

1000 W = 1 kW

P_R Reibungsleistung in J/s
t Zeit in s
W_R Reibungsarbeit in Nm

$$P_R = \frac{W_R}{t}$$

$$W_R = P_R \cdot t$$

Druck (allgemein, aus Kraft und Fläche)

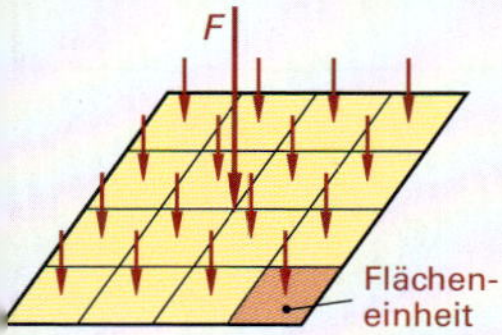

p Druck in N/cm²
F Kraft in N
A Fläche in cm²

$$1\,\text{bar} = 10\,\frac{\text{N}}{\text{cm}^2}$$

$$1\,\text{Pa} = 1\,\frac{\text{N}}{\text{m}^2}$$

$$p = \frac{F}{A}$$

$$F = p \cdot A$$

$$A = \frac{F}{p}$$

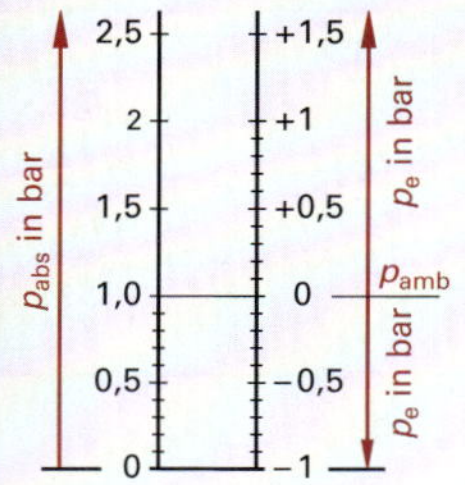

Druckunterschiede

p_{amb} Umgebungsdruck in bar, mbar, hPa
p_{abs} Absoluter Druck in bar, mbar, hPa
p_e Überdruck in bar, mbar, hPa

p_e ist positiv, wenn $p_{abs} > p_{amb}$
p_e ist negativ, wenn $p_{abs} < p_{amb}$
Negativer Überdruck wird auch als „Unterdruck" bezeichnet.

$$p_e = p_{abs} - p_{amb}$$

$$p_{abs} = p_e + p_{amb}$$

1 bar = 1000 mbar
1 bar = 1000 hPa

Hydraulik

Flüssigkeitsdruck

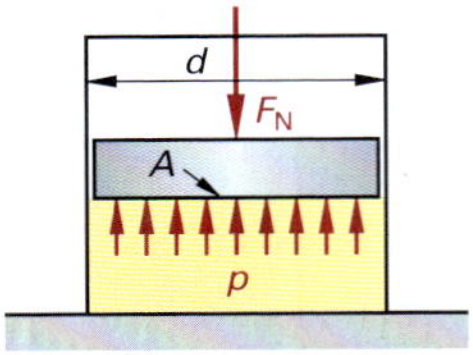

p Flüssigkeitsdruck in N/cm^2
F_N Normalkraft, Kolbenkraft in N
A Kolbenfläche in cm^2
d Kolbendurchmesser in cm

Im geschlossenen System ist der Druck an jeder Stelle gleich groß.

$$p = \frac{F_N}{A} \qquad p = \frac{4 \cdot F_N}{\pi \cdot d^2}$$

$$F_N = p \cdot A \qquad F_N = p \cdot \frac{\pi \cdot d^2}{4}$$

$$A = \frac{F_N}{p} \qquad d = \sqrt{\frac{4 \cdot F_N}{\pi \cdot p}}$$

Hydraulische Presse

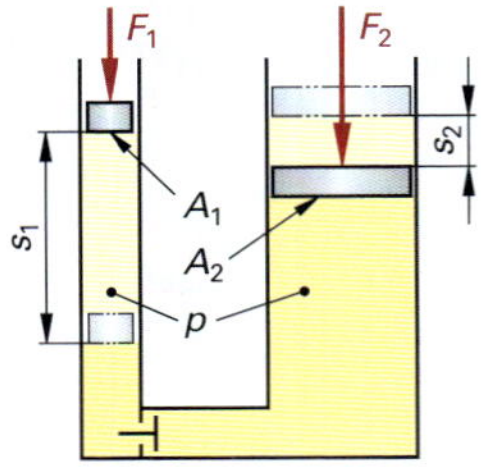

p Flüssigkeitsdruck in N/cm^2
F_1 Kraft am Pumpenkolben in N
F_2 Kraft am Arbeitskolben in N
A_1 Fläche des Pumpenkolbens in cm^2
A_2 Fläche des Arbeitskolbens in cm^2
d_1 Durchmesser des Pumpenkolbens in cm
d_2 Durchmesser des Arbeitskolbens in cm
s_1 Weg des Pumpenkolbens in cm
s_2 Weg des Arbeitskolbens in cm
i_{hyd} hydraulische Übersetzung

In einem geschlossenen System breitet sich der Flüssigkeitsdruck nach allen Seiten gleichmäßig aus. Auf beide Kolben wirkt deshalb der gleich große Druck. Aufgrund der unterschiedlichen Kolbenfläche ergibt sich eine Übersetzung der Kolbenkräfte.

$$\mathbf{1\ bar = 10\ \frac{N}{cm^2}}$$

Für p = const. gilt:

$$\frac{F_1}{F_2} = \frac{A_1}{A_2}$$

für v = const. gilt:

$$A_1 \cdot s_1 = A_2 \cdot s_2$$

$$p = \frac{F_1}{A_1} \qquad p = \frac{F_2}{A_2}$$

$$F_1 = p \cdot A_1 \qquad F_2 = p \cdot A_2$$

$$A_1 = \frac{F_1}{p} \qquad A_2 = \frac{F_2}{p}$$

$$i_{hyd} = \frac{F_1}{F_2}$$

$$F_1 = i_{hyd} \cdot F_2 \qquad F_2 = \frac{F_1}{i_{hyd}}$$

$$i_{hyd} = \frac{A_1}{A_2}$$

$$A_1 = i_{hyd} \cdot A_2 \qquad A_2 = \frac{A_1}{i_{hyd}}$$

$$i_{hyd} = \frac{d_1^2}{d_2^2}$$

$$d_1 = \sqrt{i_{hyd} \cdot d_2^2} \qquad d_2 = \sqrt{\frac{d_1^2}{i_{hyd}}}$$

$$i_{hyd} = \frac{s_2}{s_1}$$

$$s_1 = \frac{s_2}{i_{hyd}} \qquad s_2 = i_{hyd} \cdot s_1$$

Druckübersetzer

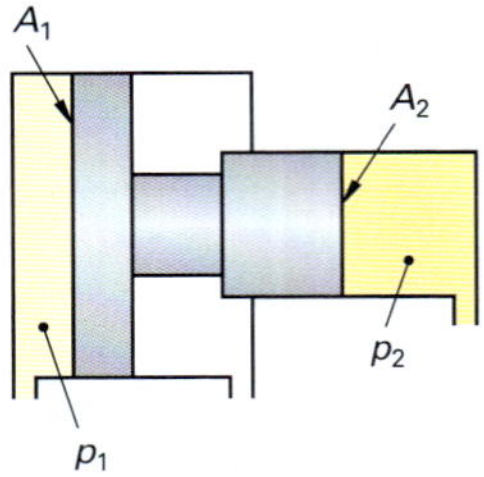

p_1, p_2 Drücke in bar
A_1, A_2 Kolbenflächen in cm^2
i_{hyd} hydraulische Übersetzung

$$p_1 \cdot A_1 = p_2 \cdot A_2$$

$$p_1 = \frac{p_2 \cdot A_2}{A_1} \qquad p_2 = \frac{p_1 \cdot A_1}{A_2}$$

$$A_1 = \frac{p_2 \cdot A_2}{p_1} \qquad A_2 = \frac{p_1 \cdot A_1}{p_2}$$

$$i_{hyd} = \frac{A_2}{A_1}$$

$$A_1 = \frac{A_2}{i_{hyd}} \qquad A_2 = A_1 \cdot i_{hyd}$$

Hydraulik (Fortsetzung)

Kolbenkräfte in Zylindern

Ausfahren

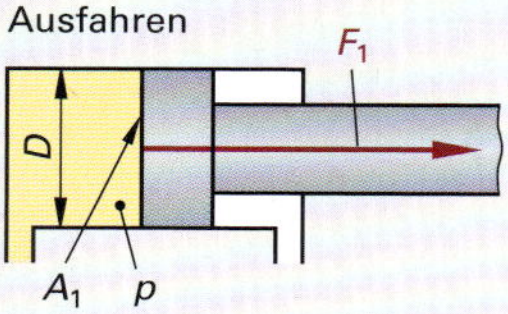

Einfahren

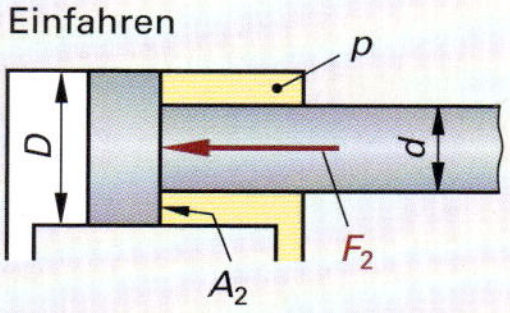

p	Flüssigkeitsdruck in N/cm²; bar
F_1, F_2	Kolbenkräfte in N
A_1, A_2	wirksame Kolbenflächen in cm²
D	Kolbendurchmesser in cm
d	Kolbenstangendurchmesser in cm

$$1\ \mathbf{bar} = 10\ \frac{\mathbf{N}}{\mathbf{cm^2}}$$

Ausfahren

$$F_1 = A_1 \cdot p$$

$$A_1 = \frac{\pi \cdot D^2}{4}$$

Einfahren

$$F_2 = A_2 \cdot p$$

$$A_2 = \frac{\pi}{4} \cdot (D^2 - d^2)$$

Leistung von Hydraulikpumpen

Hydraulikzylinder

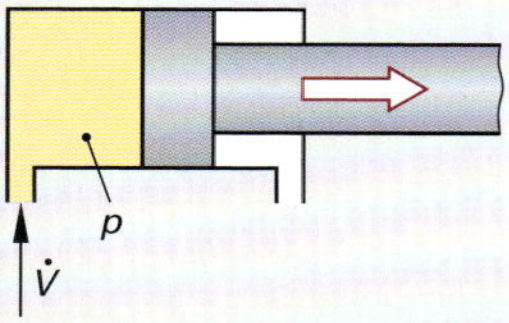

P	abgegebene Leistung in kW
p	Flüssigkeitsdruck in bar
$\dot{V}$	Volumenstrom in l/min

$$P = \frac{\dot{V} \cdot p}{600}$$

$$\dot{V} = \frac{600 \cdot P}{p}$$

$$p = \frac{600 \cdot P}{\dot{V}}$$

Saughöhe

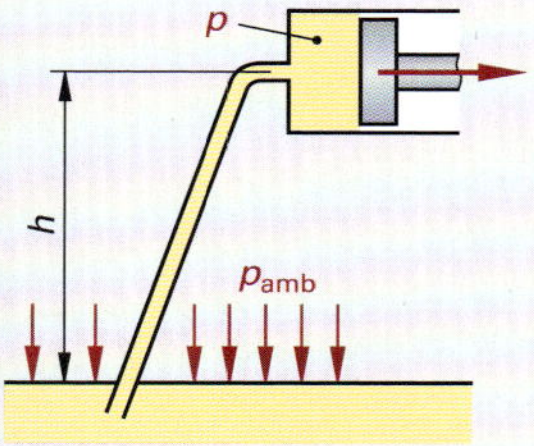

h	Saughöhe in m (negativer Zahlenwert)
p	Ausaugdruck in N/m² (negativer Zahlenwert)
ϱ	Dichte der Flüssigkeit in kg/m³
g	Fallbeschleunigung in m/s²

1 N/m² = 1 Pa
100000 Pa = 1 bar

$$h = \frac{p}{\varrho \cdot g}$$

$$p = \varrho \cdot g \cdot h$$

Durchflussgeschwindigkeit

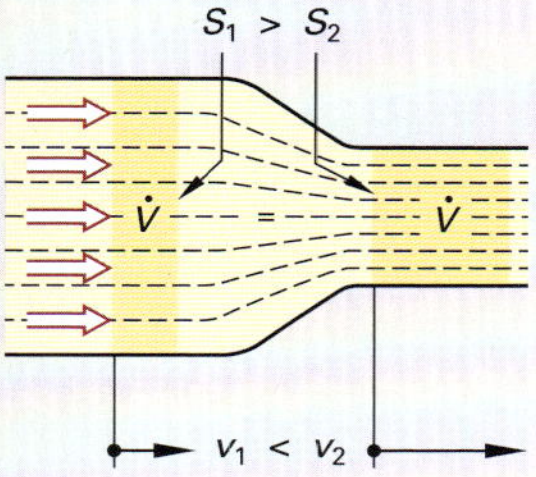

v_1, v_2	Durchflussgeschwindigkeit in cm/s
S_1, S_2	Rohrquerschnitte in cm²
$\dot{V}$	Volumenstrom in cm³/s

$$v_1 = \frac{\dot{V}}{S_1}$$

$$\dot{V} = S_1 \cdot v_1$$

$$v_2 = \frac{\dot{V}}{S_2}$$

$$\dot{V} = S_2 \cdot v_2$$

Pneumatik

Allgemeine Gasgleichung (Druck, Volumen und Temperatur von Gasen)

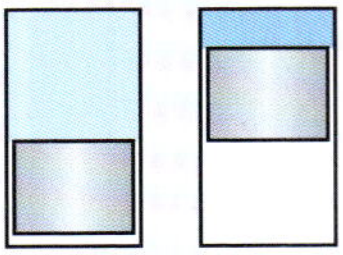

$p_1 < p_2$

$V_1 > V_2$

$T_1 < T_2$

Ausgangszustand

p_1 absoluter Druck in bar
V_1 Volumen in l
T_1 Temperatur in K

Endzustand

p_2 absoluter Druck in bar
V_2 Volumen in l
T_2 Temperatur in K

$$\frac{p_1 \cdot V_1}{T_1} = \frac{p_2 \cdot V_2}{T_2}$$

$$p_2 = \frac{p_1 \cdot V_1 \cdot T_2}{V_2 \cdot T_1}$$

$$T_2 = \frac{p_2 \cdot V_2 \cdot T_1}{p_1 \cdot V_1}$$

$$V_2 = \frac{p_1 \cdot V_1 \cdot T_2}{p_2 \cdot T_1}$$

Druck und Volumen bei gleichbleibender Temperatur

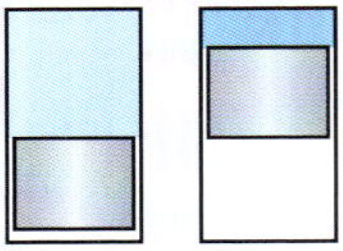

$T_1 = T_2$

$p_1 < p_2$

$V_1 > V_2$

p_1, p_2 absolute Drücke in bar
V_1, V_2 Volumen in l

$$p_1 \cdot V_1 = p_2 \cdot V_2$$

$$p_2 = \frac{p_1 \cdot V_1}{V_2}$$

$$V_2 = \frac{p_1 \cdot V_1}{p_2}$$

Temperatur und Volumen bei gleichbleibendem Druck

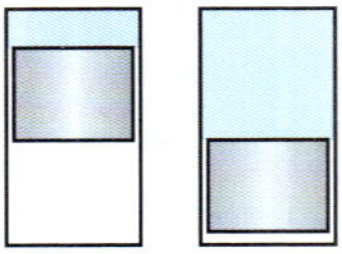

$p_1 = p_2$

$V_1 < V_2$

$T_1 < T_2$

V_1, V_2 Volumen vor bzw. nach Erwärmung in l
T_1, T_2 Temperatur vor bzw. nach Erwärmung in K

$$\frac{V_1}{V_2} = \frac{T_1}{T_2}$$

$$T_2 = \frac{V_2 \cdot T_1}{V_1}$$

$$V_2 = \frac{V_1 \cdot T_2}{T_1}$$

Temperatur und Druck bei gleichbleibendem Volumen

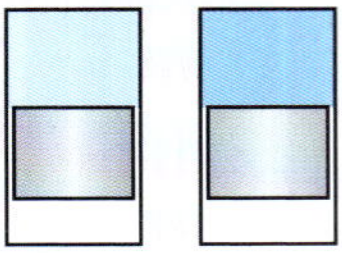

$V_1 = V_2$

$T_1 < T_2$

$p_1 < p_2$

p_1, p_2 Gasdruck vor bzw. nach Erwärmung in bar
T_1, T_2 Temperatur vor bzw. nach Erwärmung in K

$$\frac{p_1}{p_2} = \frac{T_1}{T_2}$$

$$p_2 = \frac{p_1 \cdot T_2}{T_1}$$

$$T_2 = \frac{T_1 \cdot p_2}{p_1}$$

Gasentnahme aus Gasflaschen (Näherungsformel)

Voraussetzung:
Die Temperatur der Gasflasche bleibt während der Gasentnahme gleich; der Atmosphärendruck beträgt ≈ 1000 hPa.

V Gasentnahme in l
V_{Beh} Behältervolumen in l
Δp Druckabfall in bar

$$V = \Delta p \cdot V_{Beh}$$

$$\Delta p = \frac{V}{V_{Beh}}$$

Wärmetechnik

Temperatureinheiten

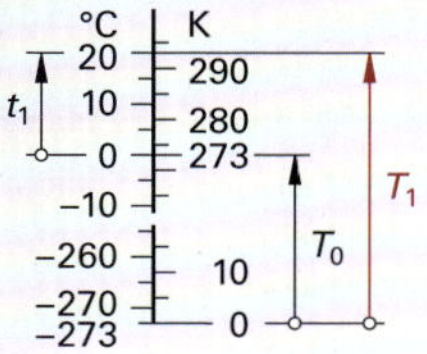

t, t_1, t_2	Temperaturen in °C
T, T_1, T_2	Temperaturen in K
T_0	Schmelztemperatur des Eises = 273 K = 0 °C
Δt	Temperaturdifferenz in °C
ΔT	Temperaturdifferenz in K

Temperaturdifferenz

$$1\ \text{K} = 1\ °\text{C}$$

$$T = t + T_0$$

$$\Delta t = t_2 - t_1$$

$$\Delta t = \Delta T$$

$$\Delta T = T_2 - T_1$$

Längenausdehnung

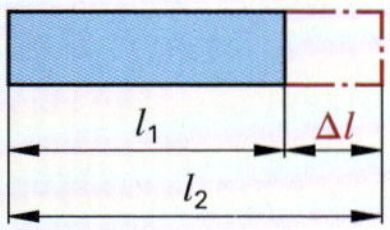

l_1	Länge vor Erwärmung in m
l_2	Länge nach Erwärmung in m
Δl	Längendifferenz in m
ΔT	Temperaturdifferenz in K
α	Längenausdehnungszahl in 1/K

$$\Delta l = l_1 \cdot \alpha \cdot \Delta T$$

$$\Delta T = \frac{\Delta l}{l_1 \cdot \alpha}$$

$$l_2 = l_1 + \Delta l$$

$$l_2 = l_1 \cdot (1 + \alpha \cdot \Delta T)$$

$$l_1 = \frac{l_2}{1 + \alpha \cdot \Delta T}$$

Raumausdehnung fester und flüssiger Stoffe

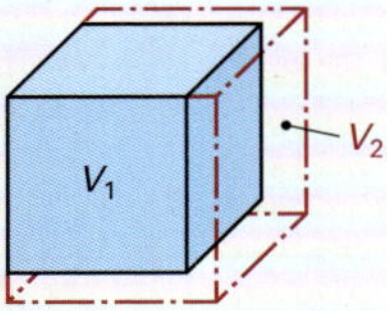

V_1	Rauminhalt vor Erwärmung in dm^3
V_2	Rauminhalt nach Erwärmung in dm^3
ΔV	Raumdifferenz in dm^3
ΔT	Temperaturdifferenz in K
γ	Raumausdehnungszahl in 1/K

Raumausdehnungszahl für feste Stoffe

$$\gamma \approx 3 \cdot \alpha$$

$$\Delta V = V_1 \cdot \gamma \cdot \Delta T$$

$$\Delta T = \frac{\Delta V}{V_1 \cdot \gamma}$$

$$V_2 = V_1 + \Delta V$$

$$V_2 = V_1 \cdot (1 + \gamma \cdot \Delta T)$$

$$V_1 = \frac{V_2}{1 + \gamma \cdot \Delta T}$$

Raumausdehnung gasförmiger Stoffe

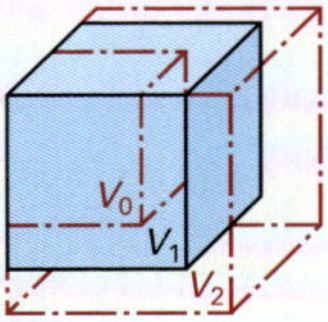

V_0	Rauminhalt bei 0 °C in dm^3
V_1	Rauminhalt vor Erwärmung in dm^3
V_2	Rauminhalt nach Erwärmung in dm^3
ΔT	Temperaturdifferenz in K
γ	Raumausdehnungszahl in 1/K

Raumausdehnungszahl für Gase

$$\gamma = \frac{1}{273}\,\frac{1}{\text{K}}$$

$$V_0 = \frac{V_1}{1 + \gamma \cdot \Delta T}$$

$$\Delta T_1 = T_1 - T_0$$

$$T_0 = 0\ °\text{C}$$

$$V_2 = V_0 \cdot (1 + \gamma \cdot \Delta T_2)$$

$$\Delta T_2 = T_2 - T_0$$

$$T_0 = 0\ °\text{C}$$

Wärmetechnik (Fortsetzung)

Verbrennungswärme, spezifischer Heizwert

Flüssige Brennstoffe	H_u MJ/kg
Spiritus	26,8
Benzol	40,5
Superbenzin	43,5
Diesel	42,5
Heizöl	42,5

Gasförmige Brennstoffe	H_u MJ/kg
Erdgas	47,7
Acetylen	48,1
Propan	46,3
Butan	45,6

Unter dem **spezifischen Heizwert H_u** eines Stoffes versteht man die bei der vollständigen Verbrennung von 1 kg des Stoffes frei werdende Wärmemenge.

Q Verbrennungswärme in kJ
H_u spezifischer Heizwert in kJ/kg
m Masse fester und flüssiger Brennstoffe in kg
V_B Volumen des Brennstoffs in dm^3
ϱ_B Dichte des Brennstoffs in kg/dm^3

$$Q = m \cdot H_u$$

$$m = \frac{Q}{H_u} \qquad H_u = \frac{Q}{m}$$

$$Q = V_B \cdot \varrho_B \cdot H_u$$

$$V_B = \frac{Q}{\varrho_B \cdot H_u} \qquad H_u = \frac{Q}{V_B \cdot \varrho_B}$$

Wärmeaufnahme, Wärmeabgabe bei Temperaturänderung

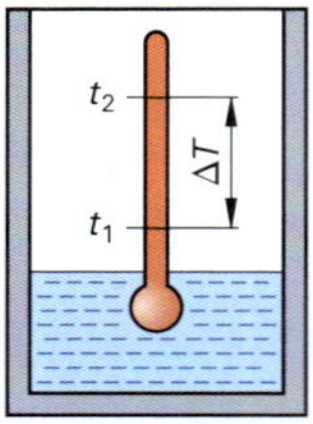

Die **spezifische Wärmekapazität c** gibt an, wie viel Wärme nötig ist, um 1 kg eines Stoffes um 1 °C (1 K) zu erwärmen. Bei Abkühlung wird die gleiche Wärmemenge wieder frei.

c spezifische Wärmekapazität in kJ/kg · K
Q Wärmemenge in kJ
ΔT Temperaturänderung in K
m Masse in kg
V Volumen des erwärmten Stoffes in dm^3
ϱ Dichte des erwärmten Stoffes in kg/dm^3

$$Q = m \cdot c \cdot \Delta T$$

$$\Delta T = \frac{Q}{m \cdot c} \qquad m = \frac{Q}{c \cdot \Delta T}$$

$$Q = \varrho \cdot V \cdot c \cdot \Delta T$$

Wärmeübertragung

Die spezifische Schmelzwärme q_s bzw. Verdampfungswärme q_V ist die Wämemenge in kJ, die einem Stoff von 1 kg zugeführt werden muss, um ihn vom festen in den flüssigen bzw. vom flüssigen in den dampfförmigen Zustand zu bringen. Bei umgekehrtem Vorgang wird die Wärme wieder frei.

Q_S Schmelzwärme in kJ
Q_V Verdampfungwärme in kJ
q_S spezifische Schmelzwärme in kJ/kg
q_V spezifische Verdampfungwärme in kJ/kg

$$Q_S = m \cdot q_S$$

$$Q_V = m \cdot q_V$$

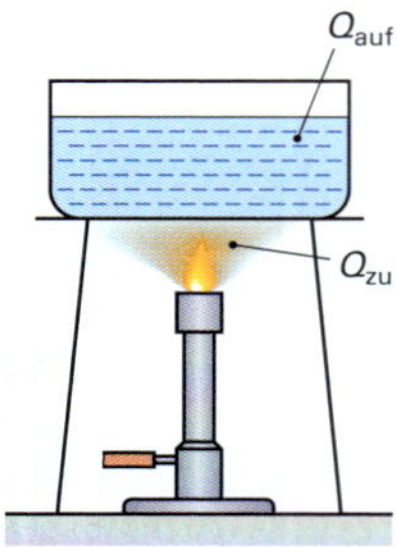

η_{th} thermischer Wirkungsgrad
Q_{auf} aufgenommene Wärmeenergie in kJ
Q_{zu} zugeführte Wärmeenergie in kJ
m_B Masse des Brennstoffs in kg
V_B Volumen des Brennstoffs in dm^3
ϱ_B Dichte des Brennstoffs in kg/dm^3

$$\eta_{th} = \frac{Q_{auf}}{Q_{zu}}$$

$$\eta_{th} = \frac{m \cdot c \cdot \Delta T}{m_B \cdot H_u}$$

$$\eta_{th} = \frac{V \cdot \varrho \cdot c \cdot \Delta T}{V_B \cdot \varrho_B \cdot H_u}$$

Riementrieb

Einfache Übersetzung

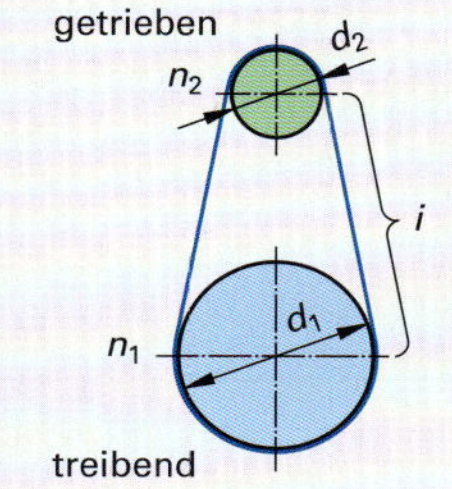

n_1 Drehzahl der treibenden Scheibe in 1/min
d_1 Durchmesser der treibenden Scheibe in mm
n_2 Drehzahl der getriebenen Scheibe in 1/min
d_2 Durchmesser der getriebenen Scheibe in mm
i Übersetzung
M_1 Drehmoment der treibenden Scheibe in Nm
M_2 Drehmoment der getriebenen Scheibe in Nm

$$n_1 \cdot d_1 = n_2 \cdot d_2$$

$$n_1 = \frac{n_2 \cdot d_2}{d_1} \qquad n_2 = \frac{n_1 \cdot d_1}{d_2}$$

$$d_1 = \frac{n_2 \cdot d_2}{n_1} \qquad d_2 = \frac{n_1 \cdot d_1}{n_2}$$

$$i = \frac{n_1}{n_2}$$

$$n_1 = i \cdot n_2 \qquad n_2 = \frac{n_1}{i}$$

$$i = \frac{d_2}{d_1}$$

$$d_1 = \frac{d_2}{i} \qquad d_2 = i \cdot d_1$$

$$i = \frac{M_2}{M_1}$$

$$M_2 = i \cdot M_1 \qquad M_1 = \frac{M_2}{i}$$

$i > 1$ Übersetzung ins Langsame

$i = 1$ direkte Übersetzung

$i < 1$ Übersetzung ins Schnelle

Schlupf und Verluste sind nicht berücksichtigt.

Doppelte Übersetzung, mehrfache Übersetzung

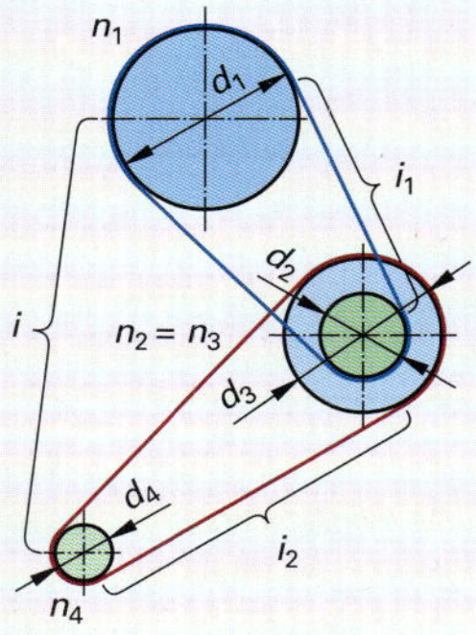

i_{ges} Gesamtübersetzung
i_1, i_2, i_3 … Einzelübersetzungen
n_1 Drehzahl der ersten treibenden Scheibe in 1/min
n_4 Drehzahl der letzten getriebenen Scheibe in 1/min
d_1, d_3 Durchmesser der treibenden Scheiben in mm
d_2, d_4 Durchmesser der getriebenen Scheiben in mm

$$i_{ges} = \frac{n_1}{n_4}$$

$$n_1 = i_{ges} \cdot n_4 \qquad n_4 = \frac{n_1}{i_{ges}}$$

$$i_{ges} = i_1 \cdot i_2$$

$$i_1 = \frac{i_{ges}}{i_2} \qquad i_2 = \frac{i_{ges}}{i_1}$$

$$i_{ges} = \frac{d_2}{d_1} \cdot \frac{d_4}{d_3}$$

$$i_1 = \frac{d_2}{d_1} \qquad i_2 = \frac{d_4}{d_3}$$

$$d_1 = \frac{d_2}{i_1} \qquad d_2 = i_1 \cdot d_1$$

$$d_3 = \frac{d_4}{i_2} \qquad d_4 = i_2 \cdot d_3$$

$$i_{ges} = i_1 \cdot i_2 \cdot i_3 \cdot \ldots$$

Indizes

1, 3, 5, … treibend

2, 4, 6, … getrieben

Zahnradtrieb

Einfache Übersetzung

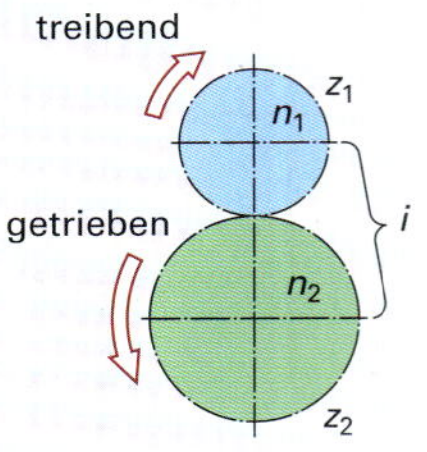

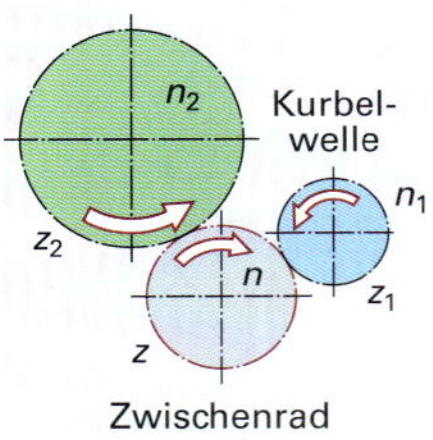

n_1 Drehzahl des treibenden Rades in 1/min
z_1 Zähnezahl des treibenden Rades
n_2 Drehzahl des getriebenen Rades in 1/min
z_2 Zähnezahl des getriebenen Rades
i Übersetzung
M_1 Drehmoment des treibenden Rades in Nm
M_2 Drehmoment des getriebenen Rades in Nm

Zwischenrad. Es hat auf die Übersetzung keinen Einfluss, ändert jedoch den Drehsinn des getriebenen Rades. Es überbrückt Achsabstände.

Schlupf und Verluste sind nicht berücksichtigt.

$$n_1 \cdot z_1 = n_2 \cdot z_2$$

$$n_1 = \frac{n_2 \cdot z_2}{z_1} \qquad n_2 = \frac{n_1 \cdot z_1}{z_2}$$

$$z_1 = \frac{n_2 \cdot z_2}{n_1} \qquad z_2 = \frac{n_1 \cdot z_1}{n_2}$$

$$i = \frac{n_1}{n_2}$$

$$i = \frac{z_2}{z_1}$$

$$i = \frac{M_2}{M_1}$$

Doppelte Übersetzung, mehrfache Übersetzung

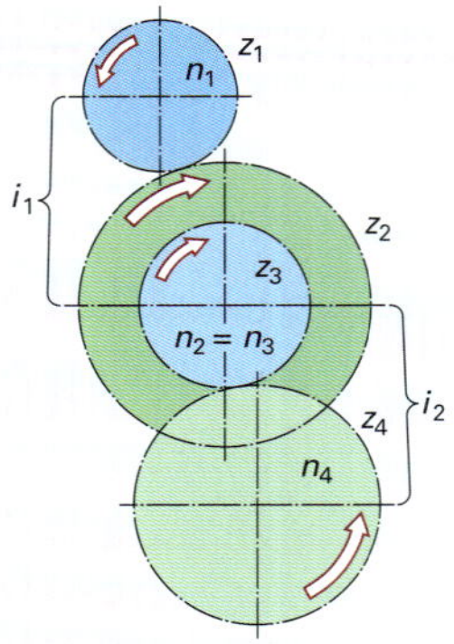

i_{ges} Gesamtübersetzung
i_1, i_2, i_3 ... Einzelübersetzungen
n_1 Drehzahl des ersten treibenden Rades in 1/min
n_4 Drehzahl des letzten getriebenen Rades in 1/min
z_1, z_3 Zähnezahlen der treibenden Räder
z_2, z_4 Zähnezahlen der getriebenen Räder

$$z_1 = \frac{z_2}{i_1} \qquad z_3 = \frac{z_4}{i_2}$$

$$z_2 = i_1 \cdot z_1 \qquad z_4 = i_2 \cdot z_3$$

$$i_{ges} = i_1 \cdot i_2$$

$$i_{ges} = \frac{n_1}{n_4}$$

$$i_{ges} = \frac{z_2}{z_1} \cdot \frac{z_4}{z_3}$$

$$i_1 = \frac{z_2}{z_1} \qquad i_2 = \frac{z_4}{z_3}$$

$$i_{ges} = i_1 \cdot i_2 \cdot i_3 \cdot \ldots$$

Einfaches Planetengetriebe

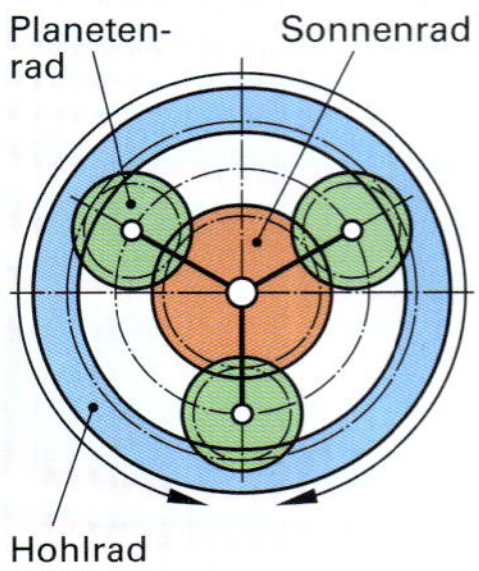

i Übersetzung
z_0 Zähnezahl des feststehenden Rades
z_1 Zähnezahl des treibenden Rades
z_2 Zähnezahl des getriebenen Rades

Sind zwei Getriebeteile verblockt, so ist *i* = 1,0.

Planetenradträger treibend:

$$i = \frac{z_2}{z_2 + z_0}$$

Planetenradträger angetrieben:

$$i = \frac{z_1 + z_0}{z_1}$$

Planetenradträger feststehend:

$$i = -\frac{z_2}{z_1}$$

Minus (–) für Drehsinnumkehr

Hubraum

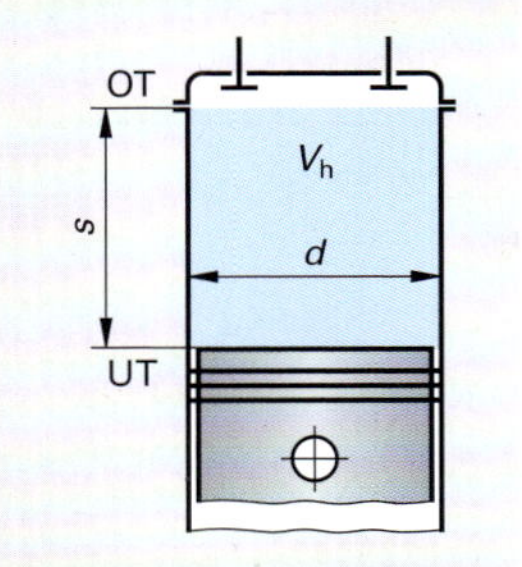

d Zylinderdurchmesser in cm
s Hub in cm
V_h Zylinderhubraum in cm³
z Zylinderanzahl
V_H Gesamthubraum in cm³
A Zylinderquerschnittsfläche in cm²

$$V_h = A \cdot s$$

$$V_h = \frac{\pi \cdot d^2}{4} \cdot s$$

$$d = \sqrt{\frac{4 \cdot V_h}{\pi \cdot s}} \qquad s = \frac{4 \cdot V_h}{\pi \cdot d^2}$$

$$V_H = V_h \cdot z$$

Verdichtungsverhältnis

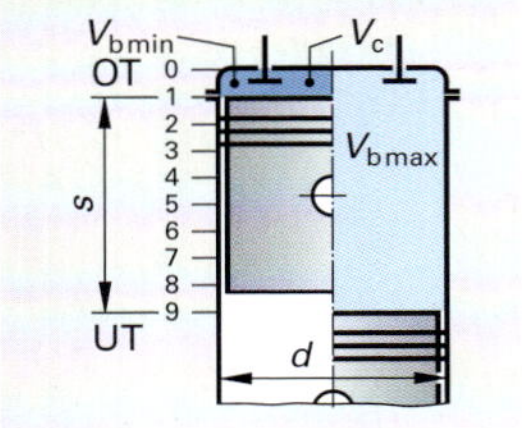

Motorart	ε
Ottomotoren	7 … 12
Dieselmotoren	14 … 25

ε Verdichtungsverhältnis
V_c Verdichtungsraum in cm³
V_h Zylinderhubraum in cm³
V_b Verbrennungsraum in cm³
$V_{b\,max}$ Größtwert des Verbrennungsraumes in cm³ (Kolben in UT)
$V_{b\,min}$ Kleinstwert des Verbrennungsraumes in cm³ (Kolben in OT)

$$\varepsilon = \frac{V_{b\,max}}{V_{b\,min}}$$

$$V_{b\,max} = V_h + V_c \qquad V_{b\,min} = V_c$$

$$\varepsilon = \frac{V_h + V_c}{V_c}$$

$$V_h = V_c \cdot (\varepsilon - 1) \qquad V_c = \frac{V_h}{\varepsilon - 1}$$

Verdichtungsänderung

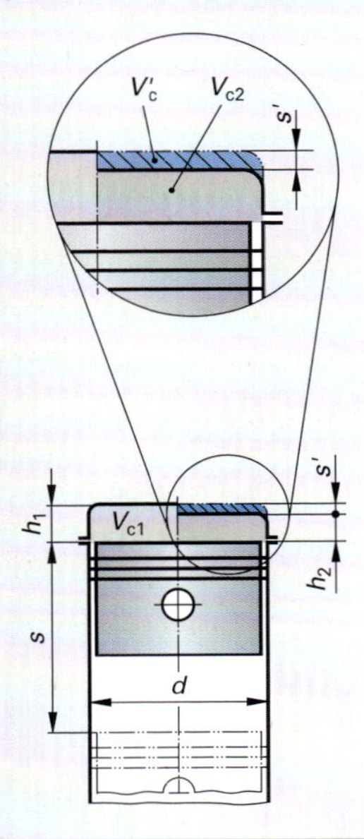

V_{c1} Verdichtungsraum in cm³ vor der Verdichtungsänderung
V_{c2} Verdichtungsraum in cm³ nach der Verdichtungsänderung
ε_1 Verdichtungsverhältnis vor der Änderung
ε_2 Verdichtungsverhältnis nach der Änderung
V'_c Volumenänderung des Verdichtungsraumes in cm³ (Zu- oder Abnahme)
s' Änderung der Höhe des Verdichtungsraumes in cm
s Hub in cm
A Zylinderquerschnittsfläche in cm²

$$V'_c = A \cdot s'$$

$$\varepsilon_2 = \frac{V_h + V_{c2}}{V_{c2}}$$

Verdichtungserhöhung

$$V_{c2} = V_{c1} - V'_c$$

$$s' = \frac{V_{c1} - V_{c2}}{A}$$

$$s' = \frac{s}{\varepsilon_1 - 1} - \frac{s}{\varepsilon_2 - 1}$$

$$\varepsilon_2 = \frac{s \cdot (\varepsilon_1 - 1)}{s - s' \cdot (\varepsilon_1 - 1)} + 1$$

Verdichtungserniedrigung

$$V_{c2} = V_{c1} + V'_c$$

$$s' = \frac{V_{c2} - V_{c1}}{A}$$

$$s' = \frac{s}{\varepsilon_2 - 1} - \frac{s}{\varepsilon_1 - 1}$$

$$\varepsilon_2 = \frac{s \cdot (\varepsilon_1 - 1)}{s + s' \cdot (\varepsilon_1 - 1)} + 1$$

Hubverhältnis

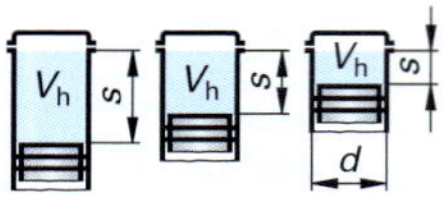

k Hubverhältnis
s Hub in mm
d Zylinderdurchmesser in mm

$$k = \frac{s}{d}$$

$$s = k \cdot d$$

$$d = \frac{s}{k}$$

Motorart	k
Ottomotoren	0,7 ... 1,2
Dieselmotoren	0,8 ... 1,3

$s > d$	Langhuber	$k > 1$
$s = d$	Quadrathuber	$k = 1$
$s < d$	Kurzhuber	$k < 1$

Pleuelstangenverhältnis

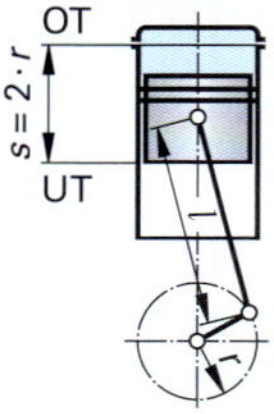

λ_{Pl} Pleuelstangenverhältnis
s Hub in mm
l Pleuelstangenlänge in mm
r Kurbelradius in mm

Motorart	λ_{Pl}
Ottomotoren	0,21 ... 0,31
Dieselmotoren	0,22 ... 0,33

$$\lambda_{Pl} = \frac{r}{l}$$

$$r = \lambda_{Pl} \cdot l$$

$$l = \frac{r}{\lambda_{Pl}}$$

$$s = 2 \cdot r$$

$$r = \frac{s}{2}$$

Kolbenweg

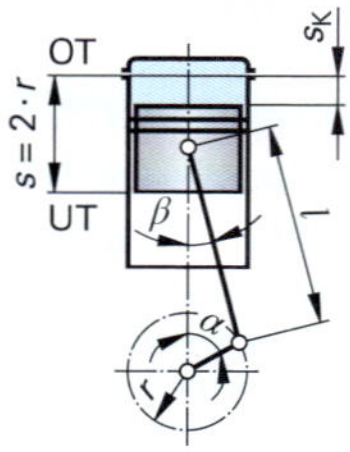

s_K Kolbenweg in mm
l Pleuelstangenlänge in mm
r Kurbelradius in mm
α Kurbelwinkel in °
β Pleuelstangenwinkel in °

$$s_K = r \cdot (1 - \cos \alpha) + l \cdot (1 - \cos \beta)$$

Kolbengeschwindigkeit

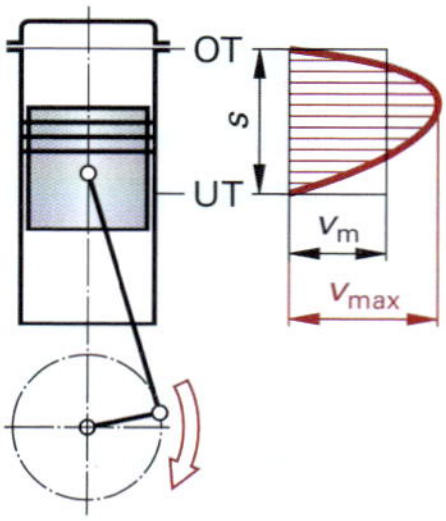

Die Geschwindigkeit des Kolbens in OT und UT ist Null. Dazwischen liegt der Höchstwert der Kolbengeschwindigkeit. Er wird erreicht, wenn Pleuelstange und Kurbelwange etwa einen rechten Winkel bilden.

v_m mittlere Kolbengeschwindigkeit in m/s
v_{max} maximale Kolbengeschwindigkeit in m/s
s Hub in m
n Motordrehzahl in 1/min

Motorart	v_m in m/s
Ottomotoren	8 ... 16
Dieselmotoren	9 ... 14

$$v_m = \frac{s \cdot n}{30}$$

$$s = \frac{30 \cdot v_m}{n}$$

$$n = \frac{30 \cdot v_m}{s}$$

$$v_{max} \approx 1,6 \cdot v_m$$

$$v_m \approx \frac{v_{max}}{1,6}$$

Gasdruck und Kolbenkraft

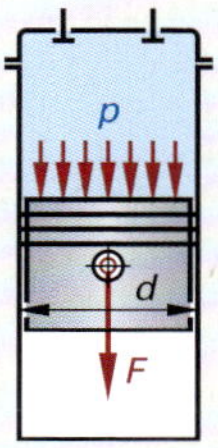

p Druck in N/cm^2
A Kolbenfläche in cm^2
d Kolbendurchmesser in cm
F Kolbenkraft in N

1 bar = 10 N/cm²
1 N/cm² = 0,1 bar

1 Pa = 1 N/m²

$$p = \frac{F}{A}$$

$$F = p \cdot A \qquad A = \frac{F}{p}$$

$$p = \frac{F \cdot 4}{d^2 \cdot \pi}$$

$$d = \sqrt{\frac{F \cdot 4}{p \cdot \pi}}$$

$$F = \frac{p \cdot d^2 \cdot \pi}{4}$$

Kräfte am Kurbeltrieb

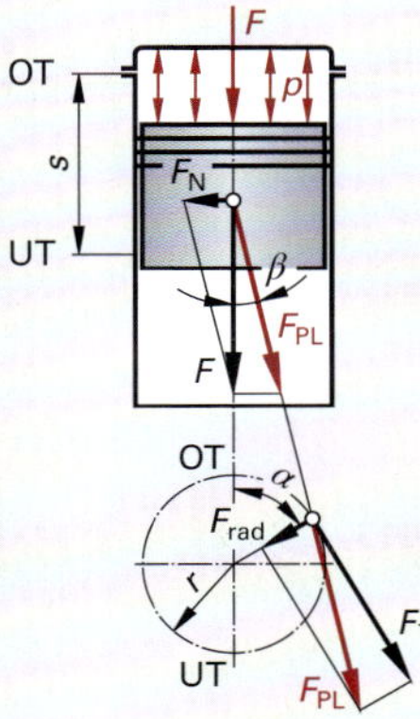

A Kolbenfläche in cm^2
p Gasdruck in N/cm^2
F Kolbenkraft in N
F_N Normalkraft (Seitenkraft) in N
F_{Pl} Pleuelstangenkraft in N
F_{rad} Radialkraft in N
F_T Tangentialkraft in N
l Pleuelstangenlänge in m
r Kurbelradius in m
λ_{Pl} Pleuelstangenverhältnis ($\lambda_{Pl} = r/l$)
M Drehmoment in Nm
α Kurbelwinkel in °
β Pleuelstangenwinkel in °

1 bar = 10 N/cm²
1 N/cm² = 0,1 bar

1 Pa = 1 N/m²

$$F = A \cdot p$$

$$F_N = F \cdot \tan \beta$$

$$F_{Pl} = \frac{F}{\cos \beta}$$

$$F_T = \frac{F \cdot \sin(\alpha + \beta)}{\cos \beta}$$

$$F_{rad} = \frac{F \cdot \cos(\alpha + \beta)}{\cos \beta}$$

$$M = F_T \cdot r$$

$$\sin \beta = \frac{r \cdot \sin \alpha}{l}$$

$$\sin \beta = \lambda_{Pl} \cdot \sin \alpha$$

Kräfte am Kurbeltrieb

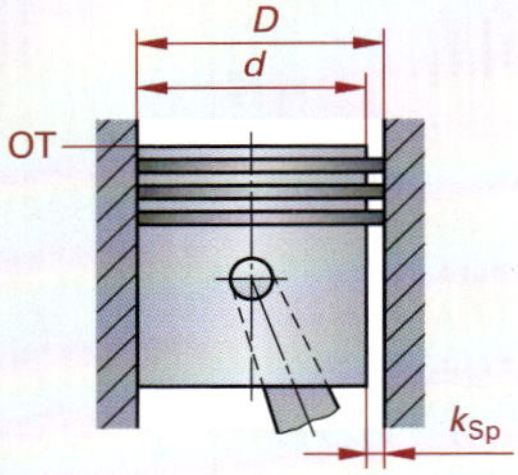

k_{Sp} Kolbeneinbauspiel in mm
D Zylinderdurchmesser in mm
d größter Kolbendurchmesser in mm

$$k_{Sp} = D - d$$

Steuerwinkel, Steuerzeiten, Ventilöffnungszeit (Viertaktmotor)

Einlassdiagramm

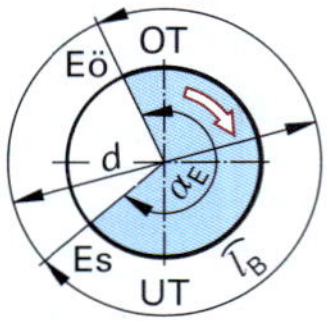

Auslassdiagramm

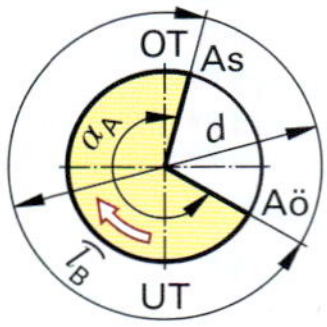

Steuerdiagramm

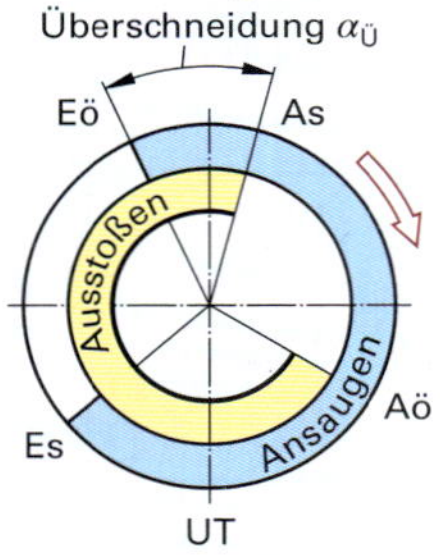

- α Winkel in °; z. B. Öffnungswinkel
- α_E Öffnungswinkel des Einlassventils in °
- α_A Öffnungswinkel des Auslassventils in °
- $\alpha_Ü$ Ventilüberschneidung in °
- l_B Bogenlänge in mm, gemessen auf dem Einstellkreis bzw. auf dem Schwungrad
- d Durchmesser des Kreises in mm, auf dem sich die Einstellmarkierung befindet
- t Ventilöffnungszeit je Arbeitsspiel in s
- t_1 Ventilöffnungszeit je Minute Motorlaufzeit in s/min
- n Motordrehzahl in 1/min
- Eö Einlassventil öffnet
- Es Einlassventil schließt
- Aö Auslassventil öffnet
- As Auslassventil schließt

$$\alpha_E = \alpha_{Eö} + 180° + \alpha_{Es}$$

$$\alpha_A = \alpha_{Aö} + 180° + \alpha_{As}$$

$$\alpha_Ü = \alpha_{Eö} + \alpha_{As}$$

$$l_B = \frac{\pi \cdot d \cdot \alpha}{360°}$$

$$\alpha = \frac{360° \cdot l_B}{\pi \cdot d}$$

$$d = \frac{360° \cdot l_B}{\pi \cdot \alpha}$$

$$t = \frac{\alpha}{6 \cdot n}$$

$$n = \frac{\alpha}{6 \cdot t}$$

$$\alpha = 6 \cdot n \cdot t$$

Ventilöffnungsfläche, Gasgeschwindigkeit

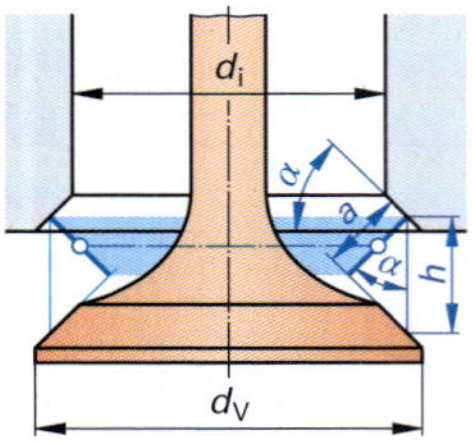

$$\cos \alpha = \frac{a}{h}$$

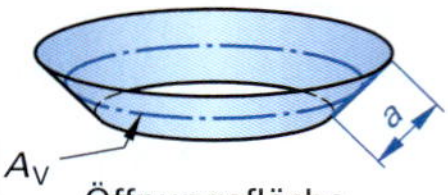

Öffnungsfläche des Ventils A_V

- A_V Öffnungsfläche des Ventils in cm^2
- a Öffnung in cm
- d_V Ventiltellerdurchmesser in cm
- d_i Kanaldurchmesser in cm
- h Ventilhub in cm ($h = 0,1 \cdot d_V \ldots 0,35 \cdot d_V$)
- v_g mittlere Gasgeschwindigkeit in m/s
- v_m mittlere Kolbengeschwindigkeit in m/s
- α Ventilsitzwinkel in °
- A Kolbenfläche in cm^2

Mittlere Gasgeschwindigkeit v_g in m/s

Einlassventil	50 … 110
Auslassventil	70 … 120
Saugrohr	60 … 180

$$A_V = \pi \cdot d_V \cdot a$$

$$a = h \cdot \cos \alpha$$

$$A_V = \pi \cdot d_V \cdot h \cdot \cos \alpha$$

$$h = \frac{A_V}{\pi \cdot d_V \cdot \cos \alpha}$$

$$d_V = \frac{A_V}{\pi \cdot h \cdot \cos \alpha}$$

$$v_g = \frac{A \cdot v_m}{A_V}$$

$$A_V = \frac{A \cdot v_m}{v_g}$$

$$A = \frac{A_V \cdot v_g}{v_m}$$

$$v_m = \frac{A_V \cdot v_g}{A}$$

Luftverhältnis λ

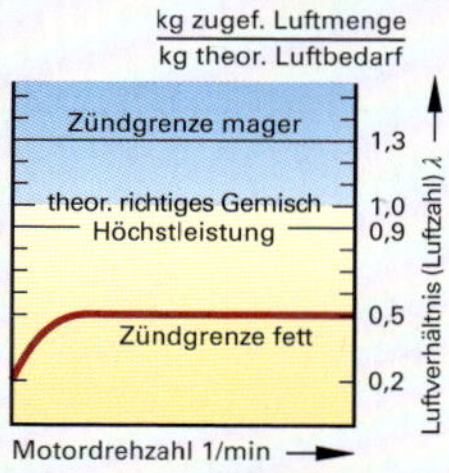

λ	Luftverhältnis (Luftzahl)
L_{zu}	zugeführte Luftmenge in kg/kg (kg Luft/kg Kraftstoff)
L_{th}	theoretischer Luftbedarf in kg/kg (Mindestluftmenge in kg Luft/kg Kraftstoff)
$\dot{m}_L$	Luftverbrauch in kg/h
$\dot{m}_K$	Kraftstoffverbrauch in kg/h

$$\lambda = \frac{L_{zu}}{L_{th}}$$

$$L_{th} = \frac{L_{zu}}{\lambda} \qquad L_{zu} = \lambda \cdot L_{th}$$

$$\lambda = \frac{\dot{m}_L}{L_{th} \cdot \dot{m}_K}$$

Liefergrad (Füllungsgrad)

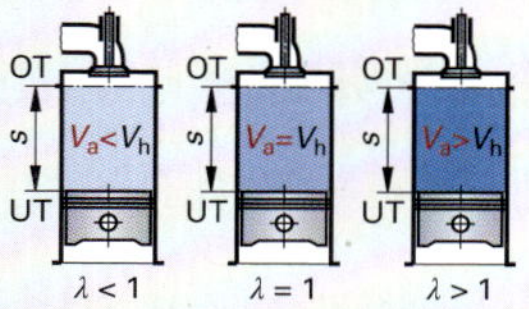

λ_L	Liefergrad (Füllungsgrad)
V_a	Frischladung des Zylinders vor der Zündung in m³
V_h	Zylinderhubraum in m³

$$\lambda_L = \frac{V_a}{V_h}$$

Motorart	λ_L
Saugmotor	< 1 (0,6 ... 1,0)
Ladermotor	> 1 (1,2 ... 1,6)

Luftverbrauch, Luftbedarf

Spezifischer Heizwert H_u	
Dieselkraftstoff	42500 kJ/kg
Superbenzin	43500 kJ/kg

Dichte ϱ	
Dieselkraftstoff	~ 0,84 kg/l
Superbenzin	~ 0,765 kg/l

L_{zu}	zugeführte Luftmenge in kg/kg (kg Luft/kg Kraftstoff)
$L_{zu\,v}$	zugeführte Luftmenge in m³/kg (m³ Luft/kg Kraftstoff)
m_L	Luftmasse in kg
m_K	Kraftstoffmasse in kg
$\dot{m}_L$	Luftverbrauch in kg/h
$\dot{m}_K$	Kraftstoffverbrauch in kg/h
λ	Luftverhältnis (Luftzahl)
L_{th}	theoretischer Luftbedarf in kg/kg (Mindestluftmenge in kg Luft/kg Kraftstoff)
V_L	erforderliche Luftmenge in m³/100 km
k_s	Kraftstoffverbrauch in l/100 km
ϱ	Dichte des Kraftstoffs in kg/l
$\dot{V}_a$	angesaugte Luftmenge in l/h
V_h	Zylinderhubraum in l
z	Zylinderanzahl
n	Motordrehzahl in 1/min
ϱ_L	Dichte der Luft in kg/m³
$x = 2$	Viertaktmotor
$x = 1$	Zweitaktmotor

$$L_{zu} = \frac{m_L}{m_K}$$

$$L_{zu} = \frac{\dot{m}_L}{\dot{m}_K}$$

$$L_{zu\,v} = \frac{L_{zu}}{\varrho_L}$$

$$L_{zu\,v} = \frac{m_L}{m_K \cdot \varrho_L}$$

$$\dot{m}_L = \lambda \cdot L_{th} \cdot \dot{m}_K$$

$$V_L = k_s \cdot L_{zu\,v} \cdot \varrho$$

$$\dot{V}_a = \frac{60 \cdot V_h \cdot z \cdot n \cdot \lambda_L}{x}$$

CO_2-Emission

Gewichtsanteile G_C		
G_C	C in %	H in %
Superbenzin	86	14
Diesel	87	13

m_K	Kraftstoffmasse in kg
m_{CO_2}	erzeugte CO_2-Emission in kg
$m_{CO_2/km}$	spezifische CO_2-Emission in g/km
G_C	Gewichtsanteil des Kohlenstoffs im Kraftstoff in %
s	Strecke in km

$$m_{CO_2} = 3{,}667 \cdot G_C \cdot m_K$$

$$m_{CO_2/km} = \frac{m_{CO_2} \cdot 1000}{s}$$

Kraftstoff-Durchschnittsverbrauch (Streckenverbrauch)

Hinweis:
Zulässiger Flottenverbrauch des Herstellers in der EU ab 2020:
Benziner: ≈ 4,1 l/100 km
Diesel: ≈ 3,6 l/100 km

k_s Kraftstoff-Durchschnittsverbrauch in l/100 km
V_K Kraftstoffverbrauch in l
s Strecke in km (Fahrbereich)

$$k_s = \frac{100 \cdot V_K}{s}$$

$$s = \frac{100 \cdot V_k}{k_s} \qquad V_k = \frac{k_s \cdot s}{100}$$

Verbrauchsangabe von Pkw und leichten Nutzfahrzeugen

Für Pkw und leichte Nfz wird der Kraftstoffverbrauch seit 01.09.2018 nach WLPT (Worldwide harmonized Light vehicles Test Procedure) ermittelt.
Während eines Testzyklus wird der Austoß von CO_2 und CO gemessen. Daraus wird der Kraftstoffverbrauch bestimmt.

Verbrauchsangabe von schweren Lkw und Omnibussen EG 595/2009

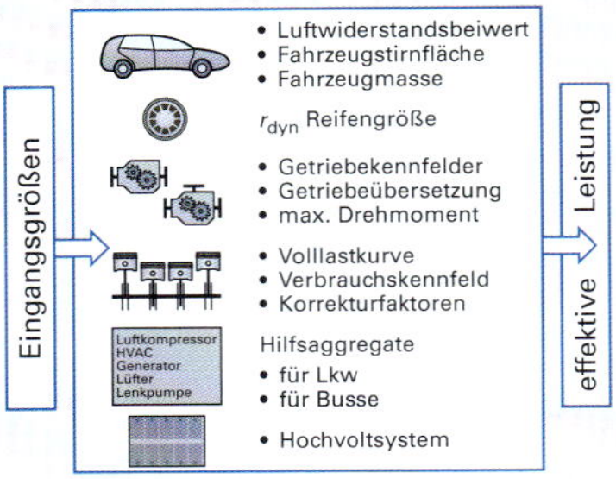

Die Ermittlung des Kraftstoffverbrauchs hat seit November 2018 mithilfe des von der EU herausgegebenen Tools „VECTO“ zu erfolgen (Verordnung (EU) 2017/2400 vom 12. Dezember 2017).

Mithilfe der Software VECTO kann die effektive Motorleistung, der CO- und CO_2-Ausstoß und der Kraftstoffverbrauch berechnet werden. Für die Berechnung werden Fahrzeugdaten bezüglich Fahrzeugaufbau, Bereifung, Getriebe, Motor, ... berücksichtigt.

In vorgeschriebenen Fahrzyklen nach WHTC (World Harmonized Transient Cycle), z. B. Fernverkehr, regionaler Lieferverkehr oder innerstädtischem Lieferverkehr, wird der im Modell berechnete Kraftstoffverbrauch verifiziert.

Spezifischer Kraftstoffverbrauch

Motorart	Fahrzeug	b_{eff} in g/kWh
Otto	Krad	> 300
	Pkw	> 250
Diesel	Pkw	> 190
	Nkw	> 180

b_{eff} spezifischer Kraftstoffverbrauch in g/kWh
$\dot{m}_K$ Kraftstoffverbrauch in kg/h
V_K Kraftstoffvolumen (Messvolumen) in l
t Durchflusszeit des Kraftstoffs in s
ϱ Dichte des Kraftstoffs in g/cm³ (kg/l)
H_u spezifischer Heizwert in kJ/kg
P_{eff} Nutzleistung in kW
η_{eff} Nutzwirkungsgrad

$$b_{eff} = \frac{3\,600\,000 \cdot V_K \cdot \varrho}{t \cdot P_{eff}}$$

$$b_{eff} = \frac{1000 \cdot \dot{m}_K}{P_{eff}}$$

$$b_{eff} = \frac{3\,600\,000}{\eta_{eff} \cdot H_u}$$

Kraftstoffverbrauch (Prüfstand)

$\dot{m}_K$ Kraftstoffverbrauch in kg/h
$\dot{V}_K$ Kraftstoffverbrauch in l/h
b_{eff} spezifischer Kraftstoffverbrauch in g/kWh
V_K Kraftstoffverbrauch (Messvolumen) in l
t Durchflusszeit des Kraftstoffs in s
ϱ Dichte des Kraftstoffs in g/cm³ (kg/l)
H_u spezifischer Heizwert in kJ/kg
P_{eff} Nutzleistung in kW
η_{eff} Nutzwirkungsgrad

$$\dot{m}_K = \frac{3600 \cdot V_K \cdot \varrho}{t}$$

$$\dot{m}_K = \frac{b_{eff} \cdot P_{eff}}{1000}$$

$$\dot{m}_K = \frac{3600 \cdot P_{eff}}{H_u \cdot \eta_{eff}}$$

$$\dot{V}_K = \frac{\dot{m}_K}{\varrho}$$

Kraftstoff-Einspritzmenge pro Arbeitstakt

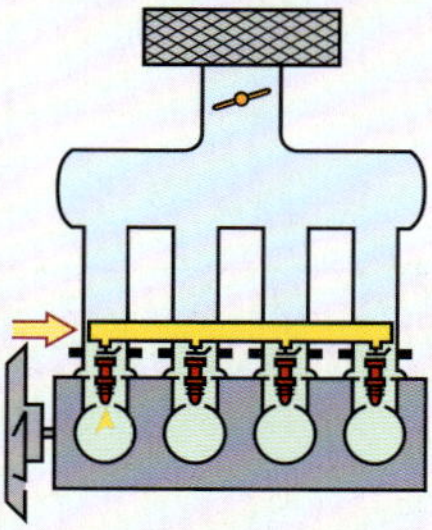

V_E Einspritzmenge pro Arbeitstakt in mm^3
b_{eff} spezifischer Kraftstoffverbrauch in g/kWh
P_{eff} Nutzleistung in kW
n Motordrehzahl in 1/min
ϱ Kraftstoffdichte in g/cm^3 (kg/l)
z Zylinderanzahl
$\dot{m}_K$ Kraftstoffverbrauch in kg/h
$\dot{V}_K$ Kraftstoffverbrauch in l/h
$x = 1$ Zweitaktmotor
$x = 2$ Viertaktmotor

$$V_E = \frac{1000 \cdot P_{eff} \cdot b_{eff} \cdot x}{60 \cdot n \cdot \varrho \cdot z}$$

$$V_E = \frac{1\,000\,000 \cdot \dot{m}_K \cdot x}{60 \cdot n \cdot \varrho \cdot z}$$

$$V_E = \frac{1\,000\,000 \cdot \dot{V}_K \cdot x}{60 \cdot n \cdot z}$$

Mischungsverhältnis für 2-Takt-Motoren

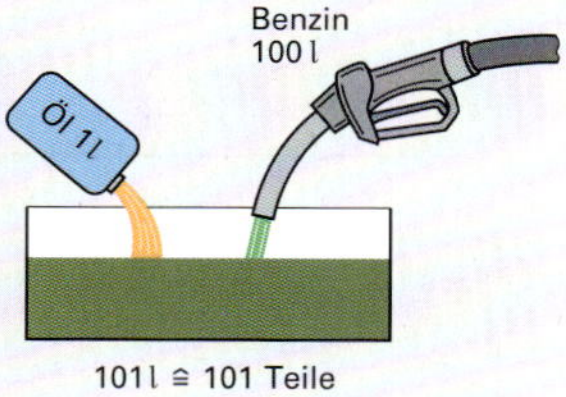

V_M Zweitaktmischung in l
V Schmierölvolumen in l
K Kraftstoffvolumen in l
z Mischungsverhältnis (Schmieröl : Kraftstoff)
x Kraftstoffanteil in der Zweitaktmischung

$$V_M = V + K$$

$$V = \frac{V_M}{1 + x}$$

$$V = K \cdot z \qquad K = \frac{V}{z}$$

$$V = \frac{K}{x} \qquad \frac{1}{x} = \frac{V}{K}$$

$$z = \frac{1}{x} \qquad z = \frac{V}{K}$$

Gefrierschutzmischung

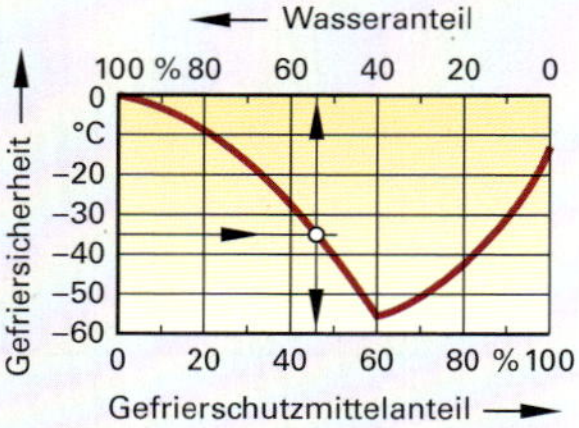

V_{KF} Kühlflüssigkeitsmenge in l
V_W Wassermenge in l
V_F Gefrierschutzmenge in l
p_W Anteile an Wasser in %
p_F Anteile an Gefrierschutzmittel in %
ϱ_{KF} Dichte Kühlflüssigkeit in kg/l
ϱ_F Dichte Gefrierschutzmittel in kg/l
ϱ_W Dichte Wasser in kg/l

$$V_{KF} = V_W + V_F$$

$$V_F = \frac{V_{KF} \cdot p_F}{p_W + p_F} \qquad V_W = \frac{V_{KF} \cdot p_W}{p_W + p_F}$$

$$p_F = \frac{p_W \cdot V_F}{V_W} \qquad p_W = \frac{p_F \cdot V_W}{V_F}$$

$$\varrho_{KF} = \frac{V_W \cdot \varrho_W + V_F \cdot \varrho_F}{V_{KF}}$$

$$\varrho_F = \frac{V_{KF} \cdot \varrho_{KF} + V_W \cdot \varrho_W}{V_F}$$

Motorkühlung

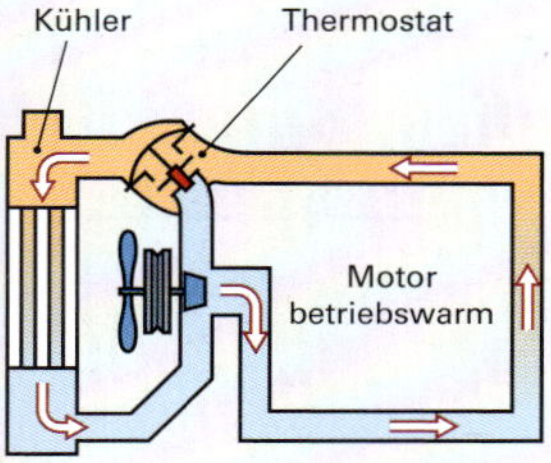

Abzuführende Wärmeleistung

$Q_{ab\,Motor}$ abzuführende Wärmemenge in kJ/h
$Q_{zu\,Motor}$ zugeführte Wärmemenge in kJ/h
P_{eff} Nutzleistung in kW
b_{eff} spezifischer Kraftstoffverbrauch in g/kWh
H_u spezifischer Heizwert in kJ/kg
$\dot{m}_K$ Kraftstoffverbrauch in kg/h
$\dot{V}_K$ Kraftstoffverbrauch in l/h
ϱ_K Dichte des Kraftstoffs in kg/dm^3
f Verhältnis der abzuführenden Wärmemenge zur gesamt anfallenden Wärmemenge

$$Q_{ab\,Motor} = Q_{u\,Motor} \cdot f$$

$$Q_{ab\,Motor} = \dot{m}_K \cdot H_u \cdot f$$

$$Q_{ab\,Motor} = \frac{b_{eff} \cdot P_{eff} \cdot H_u \cdot f}{1000}$$

$$\dot{m}_K = \varrho_K \cdot \dot{V}_K$$

Zugeführte Leistung

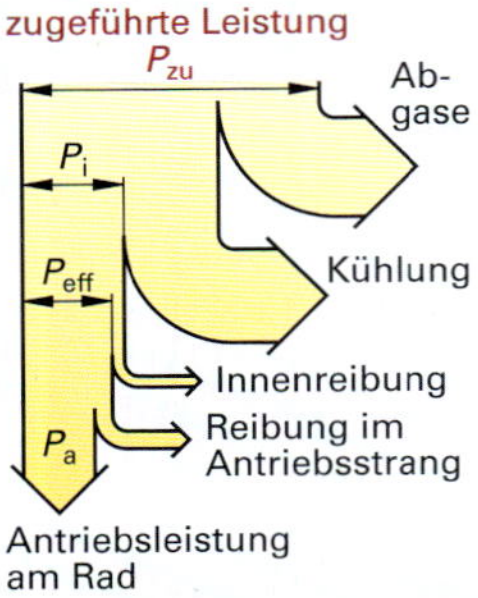

P_{zu} zugeführte Leistung in kW
H_u spezifischer Heizwert in kJ/kg
$\dot{m}_K$ Kraftstoffverbrauch in kg/h
b_{eff} spezifischer Kraftstoffverbrauch in g/kWh
P_{eff} Nutzleistung in kW

$$P_{zu} = \frac{\dot{m}_K \cdot H_u}{3600}$$

$$P_{zu} = \frac{b_{eff} \cdot P_{eff} \cdot H_u}{1000 \cdot 3600}$$

$$P_{eff} = \frac{P_{zu} \cdot 1000 \cdot 3600}{b_{eff} \cdot H_u}$$

Innenleistung des Motors, innere Motorarbeit

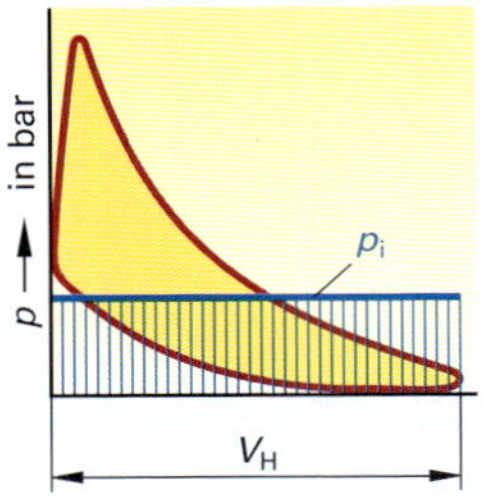

P_i Innenleistung in kW (indizierte Leistung)
d Kolbendurchmesser in cm
A Kolbenfläche in cm²
s Hub in m
z Zylinderanzahl
p_i mittlerer indizierter Kolbendruck in bar
n Motordrehzahl in 1/min
V_h Hubraum eines Zylinders in l
V_H Gesamthubraum in l
F_i innere Kolbenkraft in N
v_m mittlere Kolbengeschwindigkeit in m/s
x Kennzahl für Arbeitsverfahren
x = 4 für Viertaktverfahren
x = 2 für Zweitaktverfahren
W_i innere Motorarbeit eines Zylinders in Nm bzw. J

$$P_i = \frac{A \cdot s \cdot z \cdot p_i \cdot n}{x \cdot 3000}$$

$$A = \frac{x \cdot 3000 \cdot P_i}{s \cdot z \cdot p_i \cdot n}$$

$$p_i = \frac{x \cdot 3000 \cdot P_i}{A \cdot s \cdot z \cdot n}$$

$$s = \frac{x \cdot 3000 \cdot P_i}{A \cdot z \cdot p_i \cdot n}$$

$$n = \frac{x \cdot 3000 \cdot P_i}{A \cdot s \cdot z \cdot p_i}$$

$$z = \frac{x \cdot 3000 \cdot P_i}{A \cdot s \cdot p_i \cdot n}$$

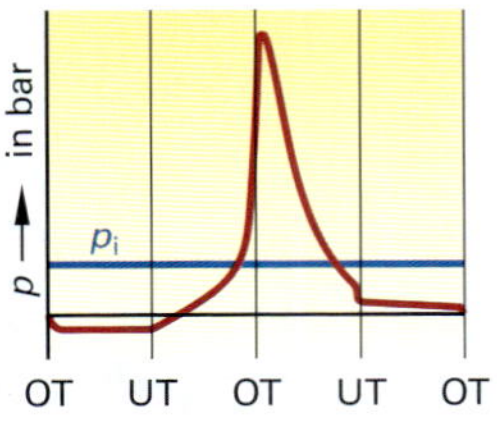

$$W_i = F_i \cdot s$$

$$F_i = A \cdot p_i$$

$$W_i = A \cdot p_i \cdot s$$

$$W_i = \frac{V_H \cdot p_i}{100}$$

1 Nm = 1 J = Ws

$$P_i = \frac{V_H \cdot p_i \cdot n}{x \cdot 300}$$

$$V_H = \frac{x \cdot 300 \cdot P_i}{p_i \cdot n}$$

$$p_i = \frac{x \cdot 300 \cdot P_i}{V_H \cdot n}$$

$$n = \frac{x \cdot 300 \cdot P_i}{V_H \cdot p_i}$$

$$P_i = \frac{F_i \cdot v_m \cdot z}{x \cdot 1000}$$

$$F_i = \frac{x \cdot 1000 \cdot P_i}{v_m \cdot z}$$

Nutzleistung und Innenleistung

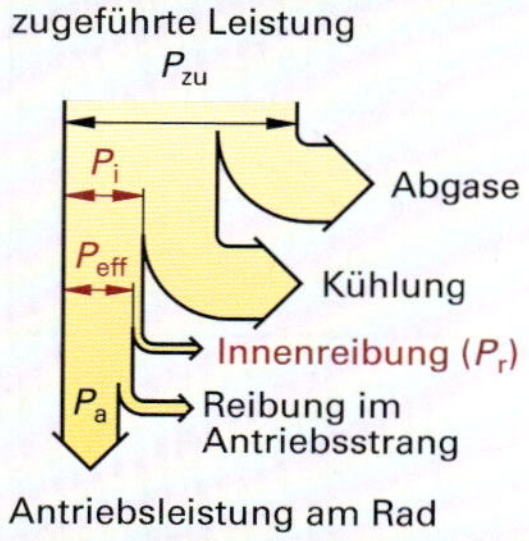

P_{eff} Nutzleistung in kW
P_i Innenleistung in kW (indizierte Leistung)
P_r Reibleistung in kW
η_m mechanischer Wirkungsgrad

$$P_{eff} = P_i - P_r$$

$$P_i = P_{eff} + P_r$$

$$P_r = P_i - P_{eff}$$

$$P_{eff} = \eta_m \cdot P_i$$

$$P_i = \frac{P_{eff}}{\eta_m} \qquad \eta_m = \frac{P_{eff}}{P_i}$$

Nutzleistung und nutzbarer Kolbendruck

Motor-art	Fahr-zeug	Takt-art	p_{eff} bar
Otto	Krad	2	5 … 12
		4	7 … 11
	Pkw	4	9 … 25
Diesel	Pkw	4	7 … 12
	Nkw	4	7 … 18

P_{eff} Nutzleistung in kW
V_H Gesamthubraum in l
p_{eff} mittlerer nutzbarer Kolbendruck in bar
n Motordrehzahl in 1/min
x Kennzahl für Arbeitsverfahren
$x = 4$ Viertaktverfahren
$x = 2$ Zweitaktverfahren

Der mittlere nutzbare Kolbendruck kann nur aus der am Prüfstand ermittelten Nutzleistung berechnet werden.

$$P_{eff} = \frac{V_H \cdot p_{eff} \cdot n}{x \cdot 300}$$

$$p_{eff} = \frac{x \cdot 300 \cdot P_{eff}}{V_H \cdot n}$$

$$V_H = \frac{x \cdot 300 \cdot P_{eff}}{p_{eff} \cdot n}$$

Nutzleistung und Kraftstoffverbrauch

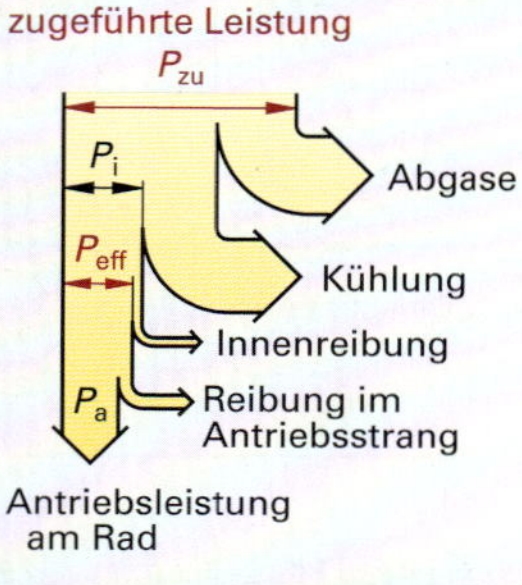

P_{eff} Nutzleistung in kW
$\dot{m}_K$ Kraftstoffverbrauch in kg/h
H_u spezifischer Heizwert in kJ/kg
η_{eff} Nutzwirkungsgrad
ϱ Dichte des Kraftstoffs in kg/l

$$P_{eff} = \frac{\dot{m}_K \cdot H_u \cdot \eta_{eff}}{3600}$$

$$\dot{m}_K = \frac{3600 \cdot P_{eff}}{H_u \cdot \eta_{eff}}$$

$$\eta_{eff} = \frac{3600 \cdot P_{eff}}{\dot{m}_K \cdot H_u}$$

$$\dot{m}_K = \dot{V} \cdot \varrho$$

Nutzleistung und Drehmoment

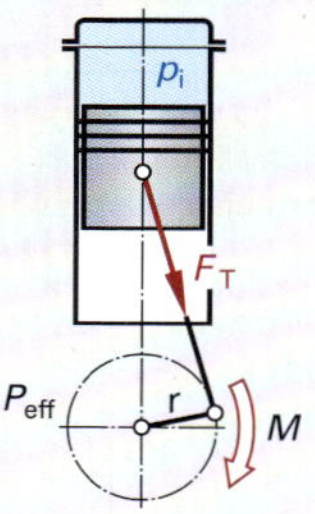

P_{eff} Nutzleistung in kW
M Motordrehmoment in Nm
n Motordrehzahl in 1/min
F_T Tangentialkraft in N
r Hebelarm (Kurbelradius) in m

$$P_{eff} = \frac{M \cdot n}{9550}$$

$$M = \frac{9550 \cdot P_{eff}}{n}$$

$$n = \frac{9550 \cdot P_{eff}}{M}$$

$$P_{eff} = \frac{F_T \cdot r \cdot n}{9550}$$

Leistung am Motorprüfstand

P_{eff} Nutzleistung in kW
M Motordrehmoment in Nm
n Motordrehzahl in 1/min
F Kraft in N
l Hebelarm in m

$$P_{eff} = \frac{M \cdot n}{9550}$$

$$M = F \cdot l$$

$$P_{eff} = \frac{F \cdot l \cdot n}{9550}$$

Leistung am Rollenprüfstand

P_{eff} Nutzleistung in kW
P_A Antriebsleistung am Rad in kW
F_A Radantriebskraft in N
v Prüfgeschwindigkeit in km/h
η_A Wirkungsgrad der Kraftübertragung

$$P_A = \frac{F_A \cdot v}{3600}$$

$$P_{eff} = \frac{F_A \cdot v}{3600 \cdot \eta_A}$$

$$\eta_A = \frac{F_A \cdot v}{3600 \cdot P_{eff}}$$

Vergleichsleistung

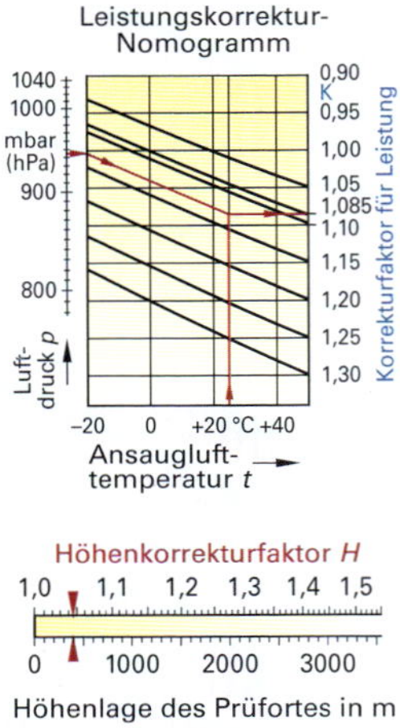

P_{red} Nutzleistung in kW bei Bezugszustand (1000 mbar, 25 °C)
P_{eff} Nutzleistung in kW (gemessene Leistung am Prüfstand)
p Luftdruck in mbar
t Temperatur in °C (gemessen 150 mm vor dem Luftfilter)
K_{OM} Korrekturfaktor für Ottomotoren ohne Aufladung
K_{DM} Korrekturfaktor für selbstansaugende Dieselmotoren
Für Motoren mit Turboaufladung ist $K_{DM} = 1$.
A Ausgleichswert für Druck und Temperatur

Erfahrungswerte:

Auf je 100 m Höhenzunahme sinkt die Motorleistung um rund 1 %.

Liegt die Temperatur über 20 °C, so sinkt die Motorleistung um etwa 1 % bei Erhöhung der Temperatur um 2 °C.

Ottomotor:

$$P_{red} = P_{eff} \cdot K_{OM}$$

$$K_{OM} = \frac{1000}{p} \cdot \sqrt{\frac{273 + t}{298}}$$

Dieselmotor:

$$P_{red} = P_{eff} \cdot K_{DM}$$

$$K_{DM} = 1 + \frac{A}{100}$$

$$A = 0{,}064 \cdot (1000 - p) + 0{,}17 \cdot (273 + t - 298)$$

Die Berechnung der Vergleichsleistung ist nur zulässig, solange der errechnete Korrekturfaktor zwischen 0,96 und 1,04 liegt.

Innenwirkungsgrad (indizierter Wirkungsgrad)

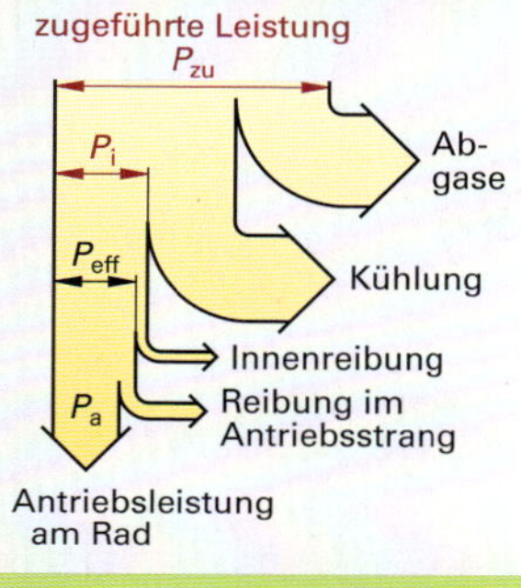

η_i Innenwirkungsgrad
P_i Innenleistung in kW (indizierte Leistung)
P_{zu} zugeführte Leistung in kW
H_u spezifischer Heizwert in kJ/kg
$\dot{m}_K$ Kraftstoffverbrauch in kg/h

$$\eta_i = \frac{P_i}{P_{zu}}$$

$$\eta_i = \frac{3600 \cdot P_i}{\dot{m}_K \cdot H_u}$$

$$P_i = \frac{\eta_i \cdot \dot{m}_K \cdot H_u}{3600}$$

$$\dot{m}_K = \frac{3600 \cdot P_i}{\eta_i \cdot H_u}$$

$$H_u = \frac{3600 \cdot P_i}{\eta_i \cdot \dot{m}_K}$$

Mechanischer Wirkungsgrad

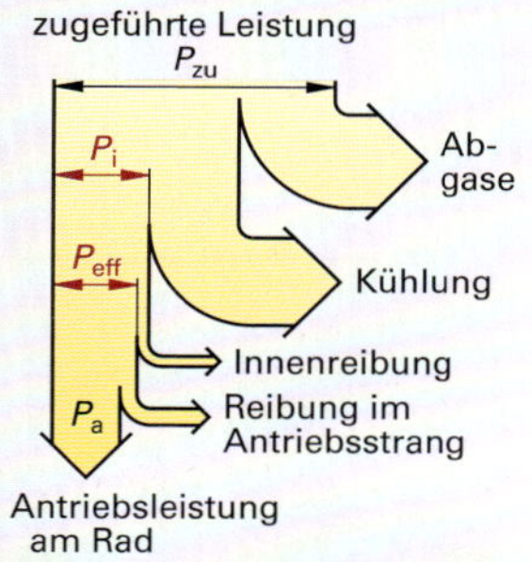

η_m mechanischer Wirkungsgrad
P_{eff} Nutzleistung in kW
P_i Innenleistung in kW (indizierte Leistung)
P_r Reibleistung in kW
P_l Laderleistung in kW
P_{sp} Spülgebläseleistung in kW

Für Saugmotoren ist P_l und P_{sp} gleich Null.

$$\eta_m = \frac{P_{eff}}{P_i}$$

$$P_{eff} = \eta_m \cdot P_i$$

$$P_l = \frac{P_{eff}}{\eta_m}$$

$$P_i = P_{eff} + P_r + P_l + P_{sp}$$

Nutzwirkungsgrad (effektiver Wirkungsgrad)

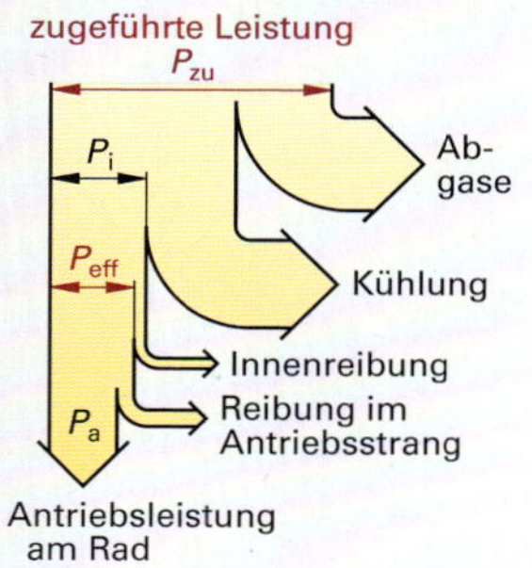

η_{eff} Nutzwirkungsgrad (effektiver Wirkungsgrad)
η_m mechanischer Wirkungsgrad
η_i Innenwirkungsgrad
$\dot{m}_K$ Kraftstoffverbrauch in kg/h
$\dot{V}$ Kraftstoffverbrauch in l/h
ϱ_K Dichte des Kraftstoffs in kg/l
H_u spezifischer Heizwert in kJ/kg
b_{eff} spezifischer Kraftstoffverbrauch in g/kWh

Motor-art	Fahr-zeug	Takt-art	η_{eff}
Otto	Krad	2	0,14 … 0,18
		4	0,25 … 0,31
	Pkw	4	0,28 … 0,40
	NkW		… 0,40
Diesel	Pkw	4	0,32 … 0,48
	Nkw	4	0,32 … 0,48

$$\eta_{eff} = \eta_i \cdot \eta_m$$

$$\eta_{eff} = \frac{3600 \cdot P_{eff}}{\dot{m}_K \cdot H_u}$$

$$P_{eff} = \frac{\dot{m}_K \cdot H_u \cdot \eta_{eff}}{3600}$$

$$\dot{m}_K = \frac{3600 \cdot P_{eff}}{H_u \cdot \eta_{eff}}$$

$$H_u = \frac{3600 \cdot P_{eff}}{\dot{m}_K \cdot \eta_{eff}}$$

$$\dot{m}_K = \frac{b_{eff} \cdot P_{eff}}{1000}$$

$$\dot{m}_K = \dot{V} \cdot \varrho_K$$

$$\eta_{eff} = \frac{3\,600\,000}{b_{eff} \cdot H_u}$$

Hubraumleistung

Motorart	Fahrzeug	Hubraumleistung P_H kW/l
Otto	Krad	bis 130
	Pkw	bis 100
Diesel	Pkw	bis 80
	Lkw	bis 90

P_H Hubraumleistung in kW/l
P_{eff} größte Nutzleistung in kW
V_H Gesamthubraum in l

$$P_H = \frac{P_{eff}}{V_H}$$

$$P_{eff} = V_H \cdot P_H$$

$$V_H = \frac{P_{eff}}{P_H}$$

Leistungsgewicht des Motors, des Fahrzeugs

Motorart	Fahrzeug	Leistungsgewicht des Motors m_{PM} kg/kW
Otto	Krad	0,5 ... 3
	Pkw	1,3 ... 5
Diesel	Pkw	1,8 ... 5
	Lkw	2,5 ... 8

Motorart	Fahrzeug	Leistungsgewicht des Fahrzeugs m_{PF} kg/kW
Otto	Krad	2 ... 9
	Pkw	4 ... 22
Diesel	Pkw	12 ... 25
	Lkw	60 ... 230 (beladen)

m_{PM} Leistungsgewicht des Motors in kg/kW
m_{PF} Leistungsgewicht des Fahrzeugs in kg/kW
P_{eff} größte Nutzleistung in kW
m_M Gewicht des Motors (trocken) in kg
m_F Leergewicht des Fahrzeugs in kg (bei Pkw)
m_F zulässiges Gesamtgewicht in kg (bei Lkw und Anhänger)

$$m_{PM} = \frac{m_M}{P_{eff}}$$

$$P_{eff} = \frac{m_M}{m_{PM}}$$

$$m_M = P_{eff} \cdot m_{PM}$$

$$m_{PF} = \frac{m_F}{P_{eff}}$$

$$P_{eff} = \frac{m_F}{m_{PF}}$$

$$m_F = P_{eff} \cdot m_{PF}$$

Gewichtsleistung

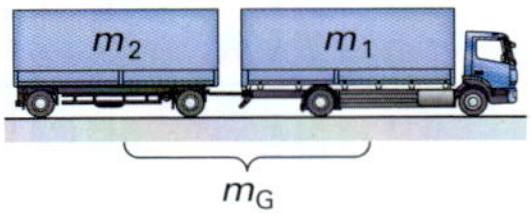

P_m Gewichtsleistung in kW/t
m_G zulässiges Gesamtgewicht in t
P_{eff} Nutzleistung in kW

Bei Nutzfahrzeugen und Omnibussen ist eine Motorleistung von mindestens 5,0 kW pro Tonne des zulässigen Gesamtgewichts des Kfz und der jeweiligen Anhängerlast vorgeschrieben.

$$P_m = \frac{P_{eff}}{m_G}$$

$$P_{eff} = P_m \cdot m_G$$

$$m_G = \frac{P_{eff}}{P_m}$$

Hubraumgewicht

Motorart	Fahrzeug	Hubraumgewicht m_H kg/l
Otto	Krad	60 ... 165
	Pkw	40 ... 100
Diesel	Pkw	70 ... 120
	Lkw	100 ... 180

m_H Hubraumgewicht in kg/l
m_M Gewicht des Motors (trocken) in kg
V_H Gesamthubraum in l

$$m_H = \frac{m_M}{V_H}$$

$$m_M = V_H \cdot m_H$$

$$V_H = \frac{m_M}{m_H}$$

Kupplung

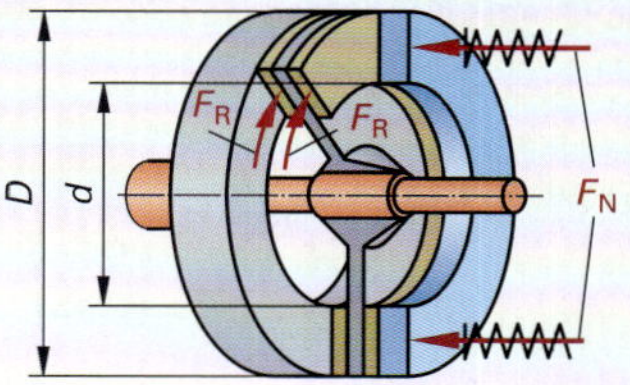

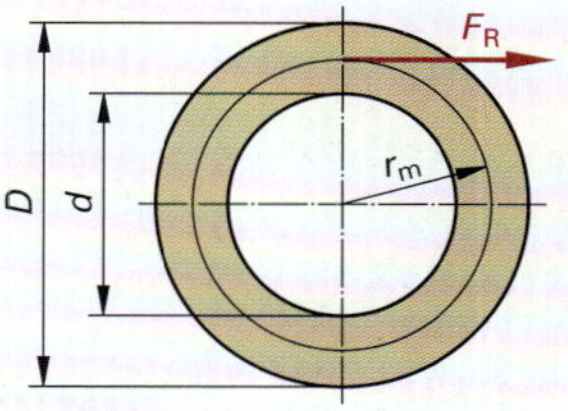

$$F_K = 2 \cdot F_R \cdot z \qquad F_R = \frac{F_K}{2 \cdot z}$$

$$F_R = F_N \cdot \mu_H \qquad F_N = \frac{F_R}{\mu_H}$$

$$F_K = 2 \cdot F_N \cdot \mu_H \cdot z \qquad F_N = \frac{F_K}{2 \cdot \mu_H \cdot z}$$

$$M_K = F_K \cdot r_m \qquad F_K = \frac{M_K}{r_m}$$

$$r_m = \frac{D + d}{4}$$

$$M_K = 2 \cdot F_R \cdot r_m \cdot z \qquad F_R = \frac{M_K}{2 \cdot r_m \cdot z}$$

$$M_K = 2 \cdot F_N \cdot \mu_H \cdot r_m \cdot z$$

$$M_K = S \cdot M_{max}$$

$$S = \frac{M_K}{M_{max}} \qquad M_{max} = \frac{M_K}{S}$$

$$F_N = A \cdot p$$

$$p = \frac{F_N}{A} \qquad A = \frac{F_N}{p}$$

$$A = \frac{\pi}{4} \cdot (D^2 - d^2)$$

$$F_N = \frac{\pi}{4} \cdot (D^2 - d^2) \cdot p$$

F_K	Drehkraft (Umfangskraft) in N
F_R	Reibungskraft einer Belagseite in N
F_N	Anpresskraft (gesamt) in N
μ_H	Haftreibungszahl
A	Fläche einer Belagseite in cm²
p	Flächenpressung in N/cm²
D	Außendurchmesser in cm, m
d	Innendurchmesser in cm, m
z	Anzahl der Kupplungsscheiben
M_K	übertragbares Drehmoment in Ncm, Nm
M_{max}	maximales Motormoment in Ncm, Nm
r_m	mittlerer Drehkrafthalbmesser (Radius) in cm, m
S	Sicherheitszahl ($S \approx$ 1,2 … 1,5)

Erfahrungswerte

Kupplungsart	Belag	Haftreibungszahl μ_H	Flächenpressung p
Trocken	organisch	0,25 … 0,5	bis 35 N/cm²
	Sinterbelag mit Keramikanteil	0,30 … 0,6	bis 200 N/cm²
Nass	Sinter-Metall	0,08 … 0,12	bis 300 N/cm²
	Papier-Reibbelag	0,06 … 0,10	bis 300 N/cm²
	Carbon-Reibbelag	0,08 … 0,10	bis 800 N/cm²

Kupplungsbetätigung

Bei der Berechnung von rein mechanischen Kupplungsbetätigungen setzt man $i_{hyd} = 1$ und $F_{GZ} = F_{NZ}$.

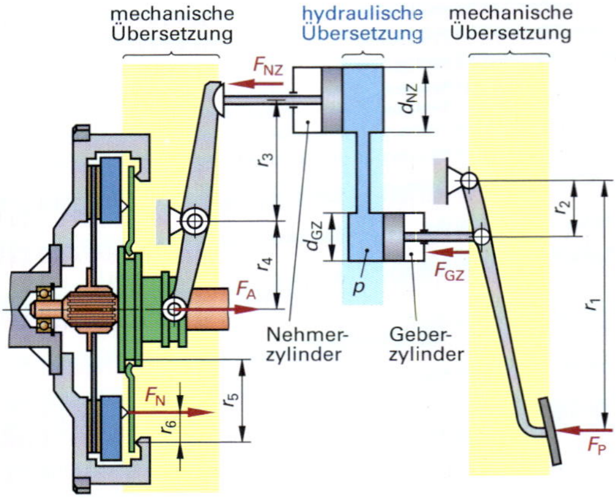

i_1, i_2	mechanische Einzelübersetzungen
i_a	äußere Übersetzung
i_i	innere Übersetzung
i_{mec}	mechanische Übersetzung
i_{hyd}	hydraulische Übersetzung
i	Gesamtübersetzung
r_1, r_2, …	wirksame Hebellängen in mm
F_P	Fußkraft am Pedal in N
F_A	Ausrückkraft in N
F_N	Gesamtanpresskraft in N
F_{GZ}, F_{NZ}	Kraft am Geber-, Nehmerzylinder in N
A_{GZ}, A_{NZ}	Querschnittsfläche des Geber-, Nehmerzylinders in cm^2
d_{GZ}, d_{NZ}	Durchmesser des Geber-, Nehmerzylinders in cm
p	Leitungsdruck in N/cm^2
s_D	Druckplattenweg in mm
s_B	Belagfederweg in mm
l	Lüftungsspiel in mm
s_A	Ausrückweg in mm
s	Kupplungsspiel in mm (wenn spielfrei $s = 0$)
s_P	Pedalweg in mm

Mechanische Übersetzung

$$i_{mec} = i_a \cdot i_i$$

$$i_a = i_1 \cdot i_2 \qquad i_i = \frac{r_6}{r_5}$$

$$i_1 = \frac{r_2}{r_1} \qquad i_2 = \frac{r_4}{r_3}$$

$$i_{mec} = \frac{r_2 \cdot r_4 \cdot r_6}{r_1 \cdot r_3 \cdot r_5}$$

$$F_P = F_N \cdot i_{mec} \qquad F_A = F_N \cdot i_i$$

Hydraulische Übersetzung

$$i_{hyd} = \frac{d_{GZ}^2}{d_{NZ}^2} \qquad i_{hyd} = \frac{F_{GZ}}{F_{NZ}}$$

$$p = \frac{F_{GZ}}{A_{GZ}} \qquad p = \frac{F_{NZ}}{A_{NZ}}$$

$$F_{GZ} = p \cdot A_{GZ} \qquad F_{NZ} = p \cdot A_{NZ}$$

$$A_{GZ} = \frac{\pi \cdot d_{GZ}^2}{4} \qquad A_{NZ} = \frac{\pi \cdot d_{NZ}^2}{4}$$

Gesamtübersetzung

$$i = i_1 \cdot i_{hyd} \cdot i_2 \cdot i_i$$

$$F_{GZ} = \frac{F_P}{i_1} \qquad F_P = i \cdot F_N$$

$$F_A = \frac{F_{NZ}}{i_2} \qquad F_A = \frac{F_P}{i_a \cdot i_{hyd}}$$

$$F_N = \frac{F_A}{i_i} \qquad F_N = \frac{F_P}{i_{mec} \cdot i_{hyd}}$$

Lüftspiel

$$l = s_D - s_B$$

Ausrückweg

$$s_A = \frac{l}{i_i}$$

Pedalweg

$$s_P = \frac{s_A + s}{i_a \cdot i_{hyd}}$$

$$s_A = i_a \cdot i_{hyd} \cdot s_P - s$$

Ungleichachsiges Wechselgetriebe

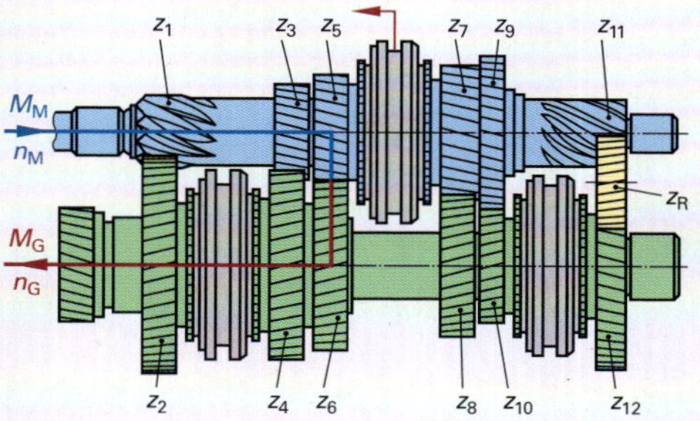

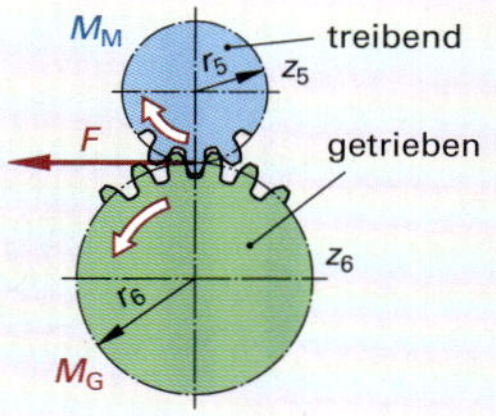

Die Übersetzungen sämtlicher Gänge werden durch jeweils eine Zahnradpaarung bewirkt.

z_1, z_3, z_5, ...	Zähnezahlen, treibende Räder
z_2, z_4, z_6, ...	Zähnezahlen, getriebene Räder
F	Zahnflankenkraft in N
M_M	Motordrehmoment in Nm
M_G	Getriebeausgangsdrehmoment in Nm
η_K	Kupplungswirkungsgrad
η_G	Getriebewirkungsgrad
i_G	Getriebeübersetzung
i_{G1}, i_{G2}, ...	Getriebeübersetzungen in den einzelnen Gängen
r_1, r_2	Teilkreishalbmesser in mm
n_M	Motordrehzahl in 1/min
n_G	Getriebeausgangsdrehzahl in 1/min

Drehzahlübersetzung

$$i_G = \frac{n_M}{n_G}$$

$$n_G = \frac{n_M}{i_G} \qquad n_M = n_G \cdot i_G$$

Übersetzung der Gänge (5 Gänge)

1. Gang

$$i_{G1} = \frac{z_2}{z_1}$$

2. Gang

$$i_{G2} = \frac{z_4}{z_3}$$

3. Gang

$$i_{G3} = \frac{z_6}{z_5}$$

4. Gang

$$i_{G4} = \frac{z_8}{z_7}$$

5. Gang

$$i_{G5} = \frac{z_{10}}{z_9}$$

Rückwärtsgang

$$i_{GR} = \frac{z_{12}}{z_{11}}$$

Übersetzung der Gänge (6 Gänge)

zusätzlich 6. Gang

$$i_{G6} = \frac{z_{12}}{z_{11}}$$

Drehmomentübersetzung

Verluste unberücksichtigt

$$i_G = \frac{M_G}{M_M}$$

$$M_G = M_M \cdot i_G \qquad M_M = \frac{M_G}{i_G}$$

Verluste berücksichtigt

$$i_G = \frac{M_G}{M_M \cdot \eta_K \cdot \eta_G}$$

$$M_G = M_M \cdot \eta_K \cdot i_G \cdot \eta_G$$

$$M_M = \frac{M_G}{\eta_K \cdot i_G \cdot \eta_G}$$

$\eta_K \approx$ 0,995 Lüftungsverluste
$\eta_G \approx$ 0,955 Plansch- und Reibungsverluste

Gleichachsiges Wechselgetriebe

5-Gang Wechselgetriebe (1. Gang)

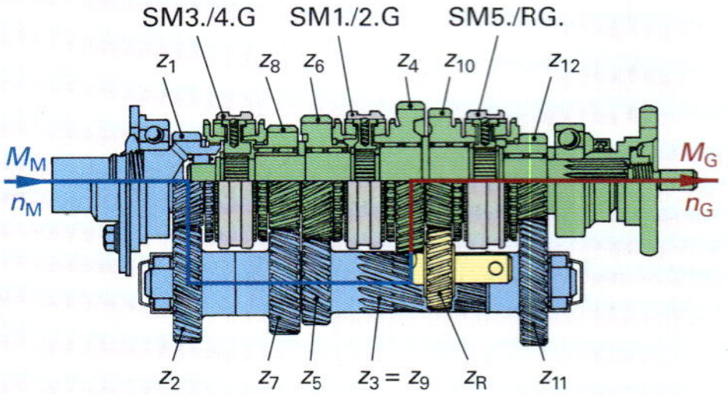

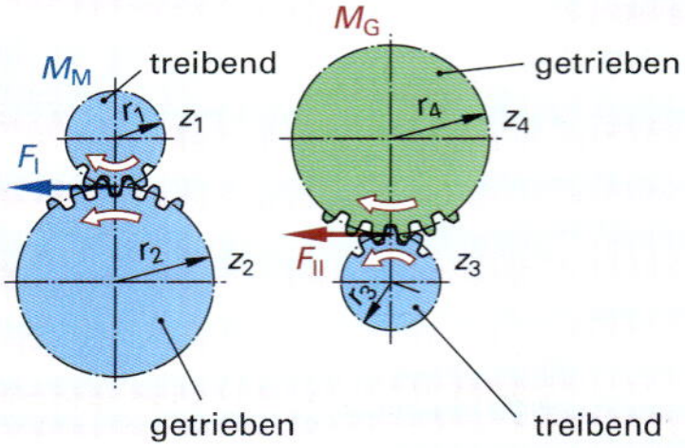

Die Übersetzungen der Gänge werden jeweils durch zwei Zahnradpaarungen bewirkt (Ausnahme: 4. Gang).

$z_1, z_3, z_5, \ldots$	Zähnezahlen, treibende Räder
$z_2, z_4, z_6, \ldots$	Zähnezahlen, getriebene Räder
F_I, F_{II}	Zahnflankenkräfte in N
M_M	Motordrehmoment in Nm
M_G	Getriebeausgangsdrehmoment in Nm
η_K	Kupplungswirkungsgrad
η_G	Getriebewirkungsgrad
i_G	Getriebeübersetzung
$i_{G1}, i_{G2}, \ldots$	Getriebeübersetzungen in den einzelnen Gängen
r_1, r_2	Teilkreishalbmesser in mm
n_M	Motordrehzahl in 1/min
n_G	Getriebeausgangsdrehzahl in 1/min

Drehzahlübersetzung

$$i_G = \frac{n_M}{n_G}$$

$$n_G = \frac{n_M}{i_G} \qquad n_M = n_G \cdot i_G$$

Übersetzung der Gänge (5 Gänge)

1. Gang

$$i_{G1} = \frac{z_2 \cdot z_4}{z_1 \cdot z_3}$$

2. Gang

$$i_{G2} = \frac{z_2 \cdot z_6}{z_1 \cdot z_5}$$

3. Gang

$$i_{G3} = \frac{z_2 \cdot z_8}{z_1 \cdot z_7}$$

4. Gang

$$i_{G4} = 1$$

5. Gang

$$i_{G5} = \frac{z_2 \cdot z_{12}}{z_1 \cdot z_{11}}$$

Rückwärtsgang

$$i_{GR} = \frac{z_2 \cdot z_{10}}{z_1 \cdot z_9}$$

Drehmomentübersetzung

Verluste unberücksichtigt

$$i_G = \frac{M_G}{M_M}$$

$$M_G = M_M \cdot i_G \qquad M_M = \frac{M_G}{i_G}$$

Verluste berücksichtigt

$$i_G = \frac{M_G}{M_M \cdot \eta_K \cdot \eta_G}$$

$$M_G = M_M \cdot \eta_K \cdot i_G \cdot \eta_G$$

$$M_M = \frac{M_G}{\eta_K \cdot i_G \cdot \eta_G}$$

$\eta_K \approx 0{,}995$ Lüftungsverluste
$\eta_G \approx 0{,}955$ Plansch- und Reibungsverluste

Achsgetriebe

Stirnrad-Achsgetriebe

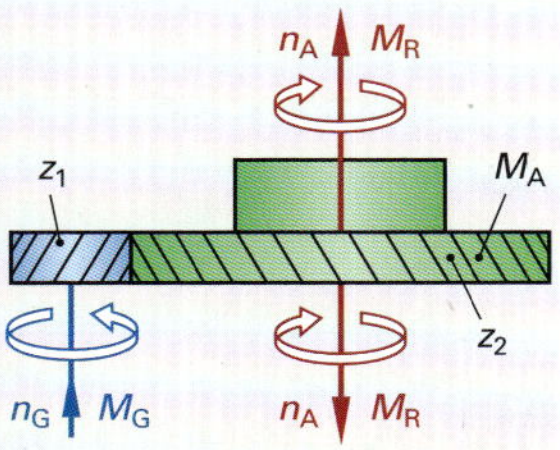

Kegelrad-Achsgetriebe

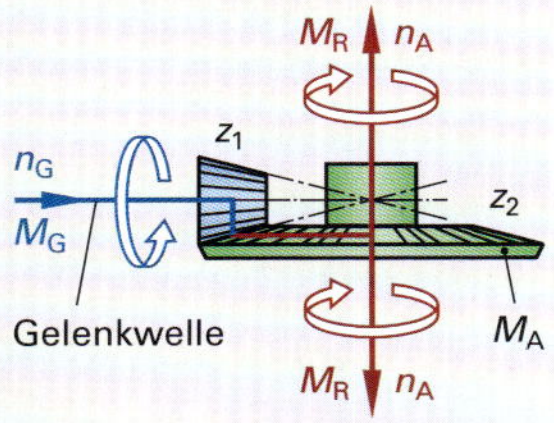

Mit Planeten-Vorgelege

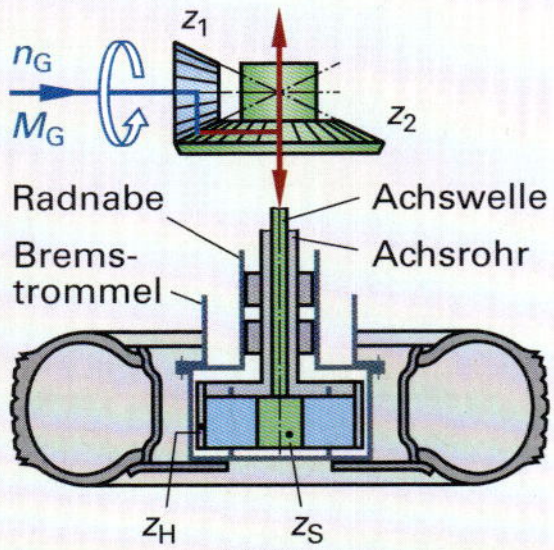

- i_A Übersetzung des Achsgetriebes
- i_G Übersetzung des Wechselgetriebes
- i_V Übersetzung des Vorgelege-Getriebes
- i_{AV} Übersetzung des Achsgetriebes mit Vorgelege-Getriebe
- z_1 Zähnezahl des treibenden Stirnrades bzw. Kegelrades
- z_2 Zähnezahl des getriebenen Stirnrades bzw. Tellerrades
- z_H Zähnezahl des Hohlrades
- z_S Zähnezahl des Sonnenrades
- n_M Motordrehzahl in 1/min
- n_G Getriebeausgangsdrehzahl in 1/min
- n_A Drehzahl der Antriebsräder in 1/min
- M_G Getriebeausgangsdrehmoment in Nm
- M_A Drehmoment an den Antriebsrädern bzw. am Tellerrad oder getriebenen Stirnrad in Nm
- η_A Wirkungsgrad des Achsgetriebes
- M_R Drehmoment an einem Antriebsrad in Nm
- M_{AV} Drehmoment an den Antriebsrädern beim Achsgetriebe mit Planeten-Vorgelege in Nm
- M_{RV} Drehmoment an einem Antriebsrad beim Achsgetriebe mit Planeten-Vorgelege in Nm
- η_{AV} Wirkungsgrad des Achsgetriebes mit Vorgelege

$$i_A = \frac{z_2}{z_1} \qquad i_A = \frac{n_G}{n_A}$$

$$n_G = i_A \cdot n_A$$

$$n_A = \frac{n_G}{i_A}$$

$$M_A = M_G \cdot i_A \cdot \eta_A$$

$$M_R = \frac{M_A}{2}$$

$$i_{AV} = i_A \cdot i_V$$

$$i_V = 1 + \frac{z_H}{z_S}$$

$$i_{AV} = \frac{z_T}{z_K} \cdot \left(1 + \frac{z_H}{z_S}\right)$$

$$M_{AV} = M_G \cdot i_{AV} \cdot \eta_{AV}$$

$$M_{RV} = \frac{M_{AV}}{2}$$

Gesamtübersetzung des Antriebsstrangs

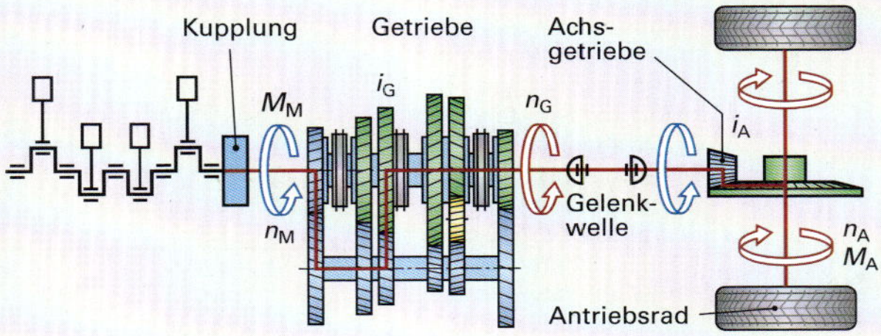

Achsübersetzungen

Pkw	i_A = 2,5 ... 4,5
Nkw	i_A = 3,5 ... 6,5

- i_{Tr} Übersetzung des Antriebsstrangs
- i_G Übersetzung des Wechselgetriebes
- i_A Übersetzung des Achsgetriebes
- η_{TR} Wirkungsgrad Antriebsstrang

$$i_{Tr} = i_G \cdot i_A$$

$$i_{Tr} = \frac{n_M}{n_A}$$

$$n_A = \frac{n_M}{i_{Tr}}$$

$$M_A = M_M \cdot i_{Tr} \cdot \eta_{Tr}$$

$$n_A = \frac{n_M}{i_G \cdot i_A}$$

$$n_M = n_A \cdot i_G \cdot i_A$$

Ausgleichsgetriebe bei Kurvenfahrt

Kurvenfahrt

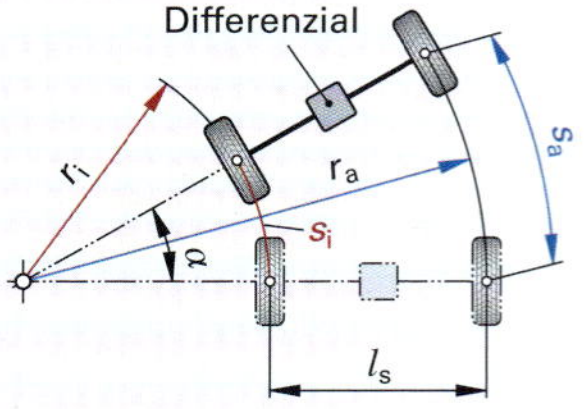

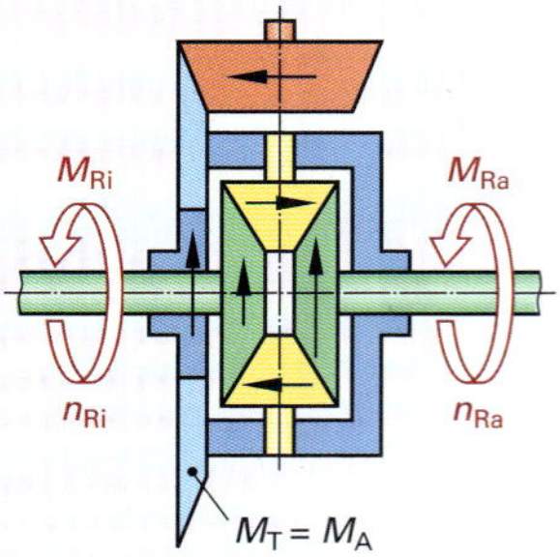

r_i	Spurkreishalbmesser innen in mm
r_a	Spurkreishalbmesser außen in mm
s_i	Radweg kurveninneres Rad in mm
s_a	Radweg kurvenäußeres Rad in mm
α	Kurvenwinkel in °
Δs	Wegdifferenz zwischen kurvenäußerem und kurveninnerem Rad in mm
n_{Ri}	Raddrehzahl kurveninneres Rad
n_{Ra}	Raddrehzahl kurvenäußeres Rad
Δn_R	Differenz der Raddrehzahlen
U_{dyn}	Abrollumfang der Reifen in mm
l_s	Spurweite in mm
M_T	Drehmoment am Tellerrad bzw. am treibenden Stirnrad in Nm
M_A	Drehmoment an beiden Antriebsrädern in Nm
M_R	Drehmoment an einem Antriebsrad in Nm
M_{Ri}	Drehmoment am kurveninneren Rad in Nm
M_{Ra}	Drehmoment am kurvenäußeren Rad in Nm

Radwege

$$s_i = \frac{2 \cdot \pi \cdot r_i \cdot \alpha}{360°}$$

$$s_a = \frac{2 \cdot \pi \cdot r_a \cdot \alpha}{360°}$$

$$\Delta s = s_a - s_i$$

$$\Delta s = \frac{2 \cdot \pi \cdot (r_a - r_i) \cdot \alpha}{360°}$$

$$\Delta s = \frac{2 \cdot \pi \cdot l_s \cdot \alpha}{360°}$$

Raddrehzahlen

$$n_{Ri} = \frac{s_i}{U_{dyn}} \qquad n_{Ra} = \frac{s_a}{U_{dyn}}$$

$$\Delta n_R = \frac{\Delta s}{U_{dyn}}$$

$$\Delta n_R = \frac{2 \cdot \pi \cdot (r_a - r_i) \cdot \alpha}{360° \cdot U_{dyn}}$$

$$\Delta n_R = \frac{2 \cdot \pi \cdot l_s \cdot \alpha}{360° \cdot U_{dyn}}$$

Drehmomente

$$M_{Ri} = M_{Ra} = \frac{M_T}{2}$$

$$M_T = 2 \cdot M_R = M_A$$

Ausgleichsgetriebe mit Ausgleichssperre

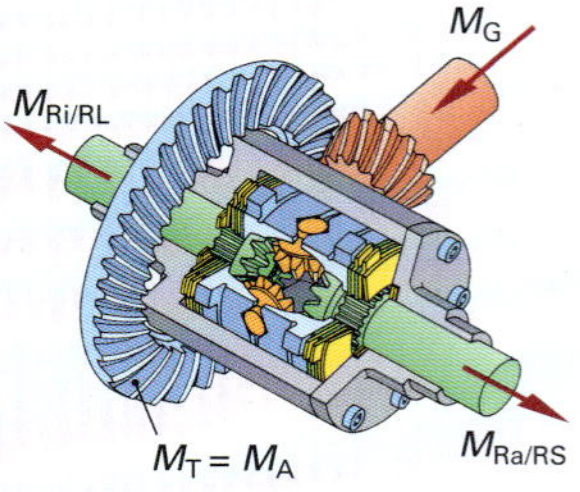

Der Sperrwert *S* gibt an, wie viel Drehmomentunterschied in % zwischen zwei Antriebswellen möglich ist.

S	Sperrwert in %
ΔM_R	Differenz der Drehmomente an den Antriebsrädern in Nm
ΣM_R	Summe der Drehmomente an den Antriebsrädern in Nm
$M_{Ri/RL}$	Drehmoment am inneren/langsameren Antriebsrad in Nm
$M_{Ra/RS}$	Drehmoment am äußeren/schnelleren Antriebsrad in Nm
M_A	Antriebsdrehmoment in Nm
M_T	Antriebsdrehmoment am Tellerrad in Nm

$$S = \frac{\Delta M_R}{\Sigma M_R} \cdot 100\,\%$$

$$\Delta M_R = M_{Ri/RL} - M_{Ra/RS}$$

$$\Sigma M_R = M_{Ri/RL} + M_{Ra/RS}$$

$$M_{Ri/RL} = \frac{M_A}{2} + \frac{M_A}{2} \cdot \frac{S}{100\,\%}$$

$$M_{Ra/RS} = \frac{M_A}{2} - \frac{M_A}{2} \cdot \frac{S}{100\,\%}$$

Antriebsleistung

P_A Leistung an den Antriebsrädern in kW (Fahrleistung)
P_{eff} Motorleistung in kW
η_{Tr} Wirkungsgrad des Antriebsstrangs

$$P_A = P_{eff} \cdot \eta_{Tr}$$

$$P_{eff} = \frac{P_A}{\eta_{Tr}} \qquad \eta_{Tr} = \frac{P_A}{P_{eff}}$$

Antriebskraft an den Antriebsrädern

F_A Antriebskraft an den Antriebsrädern in N
M_A Drehmoment an den Antriebsrädern in Nm
M_M Motordrehmoment in Nm
r_{dyn} dynamischer Reifenhalbmesser in m
U_{dyn} dynamischer Abrollumfang in m
i_G Übersetzung des Wechselgetriebes
i_A Übersetzung des Achsgetriebes
i_{Tr} Übersetzung des Antriebsstrangs
η_{Tr} Wirkungsgrad des Antriebsstrangs

$$F_A = \frac{M_A}{r_{dyn}}$$

$$F_A = \frac{2 \cdot \pi \cdot M_M \cdot i_{Tr} \cdot \eta_{Tr}}{U_{dyn}}$$

$$F_A = \frac{2 \cdot \pi \cdot M_A}{U_{dyn}}$$

$$M_A = M_M \cdot i_{Tr} \cdot \eta_{Tr}$$

$$F_A = \frac{M_M \cdot i_{Tr} \cdot \eta_{Tr}}{r_{dyn}}$$

$$i_{Tr} = i_G \cdot i_A$$

Fahrgeschwindigkeit

v Fahrgeschwindigkeit in km/h
n_A Drehzahl der Antriebsräder in 1/min
U_{dyn} dynamischer Abrollumfang in mm
π_{dyn} $\approx$ 3,05
r_{dyn} dynamischer Reifenhalbmesser in mm, m
d_a Außendurchmesser des Rades in mm
d_i Innendurchmesser des Reifens in Zoll
H/B Reifenhöhe zu Reifenbreite in %
b Reifenbreite in mm

$$v = \frac{3{,}6 \cdot U_{dyn} \cdot n_A}{60\,000}$$

$$U_{dyn} \approx d_a \cdot \pi_{dyn}$$

$$r_{dyn} \approx \frac{U_{dyn}}{2 \cdot \pi}$$

$$d_a = d_i \cdot 25{,}4 + 2 \cdot \left(\frac{H/B}{100} \cdot b\right)$$

Drehzahl der Antriebsräder

n_A Drehzahl der Antriebsräder in 1/min
n_M Motordrehzahl in 1/min
i_G Übersetzung des Wechselgetriebes
i_A Übersetzung des Achsgetriebes
i_{Tr} Gesamtübersetzung des Antriebsstrangs
v Fahrgeschwindigkeit in km/h
U_{dyn} dynamischer Abrollumfang in mm

$$n_A = \frac{n_M}{i_{Tr}}$$

$$n_A = \frac{60\,000 \cdot v}{3{,}6 \cdot U_{dyn}}$$

$$n_M = n_A \cdot i_{Tr} \qquad n_M = n_A \cdot i_G \cdot i_A$$

$$n_A = \frac{n_M}{i_G \cdot i_A}$$

Fahrwiderstände

Rollwiderstand

F_R Rollwiderstand in N
F_N Normalkraft in N
μ_R Rollwiderstandsbeiwert
m Fahrzeugmasse in kg (Gesamtgewicht)
g Erdbeschleunigung 9,81 m/s^2
W_R Rollwiderstandsarbeit in Nm
F_R Rollwiderstand in N
s Weg in m
P_R Rollwiderstandsleistung in kW
F_R Rollwiderstand in N
v Fahrgeschwindigkeit in m/s

$$F_R = F_N \cdot \mu_R$$

$$W_R = F_R \cdot s$$

$$F_N = \frac{F_R}{\mu_R} \qquad \mu_R = \frac{F_R}{F_N} \qquad F_R = \frac{W_R}{s} \qquad s = \frac{W_R}{F_R}$$

$$F_N = m \cdot g$$

$$P_R = \frac{F_R \cdot v}{1000}$$

$$F_R = m \cdot g \cdot \mu_R$$

$$F_R = \frac{P_R \cdot 1000}{v}$$

Fahrwiderstände (Fortsetzung)

Luftwiderstand

F_L Luftwiderstand in N
v Fahrgeschwindigkeit in m/s
c_w Luftwiderstandsbeiwert
A Querschnittsfläche in m^2
b Fahrzeugbreite in m
h Fahrzeughöhe in m
ϱ Dichte der Luft in kg/m^3 bei 15 °C und 1013 Pa = 1,23 kg/m^3
$\varrho/2$ = 0,615 kg/m^3
s Weg in m
W_L Luftwiderstandsarbeit in Nm

$$F_L = \frac{\varrho}{2} \cdot c_w \cdot A \cdot v^2$$

$$F_L = 0{,}615 \cdot c_w \cdot A \cdot v^2$$

$$v = \sqrt{\frac{F_L}{\varrho/2 \cdot c_w \cdot A}}$$

$$c_w = \frac{F_L}{\varrho/2 \cdot A \cdot v^2}$$

$$W_L = F_L \cdot s$$

$$F_L = \frac{W_L}{s} \qquad s = \frac{W_L}{F_L}$$

$$P_L = \frac{F_L \cdot v}{1000}$$

$$A \approx 0{,}8 \cdot b \cdot h$$

Steigung, Steigungswiderstand

F_S Steigungswiderstand in N
F_G Gewichtskraft in N
α Steigungswinkel in °
m Fahrzeugmasse in kg
g Erdbeschleunigung g = 9,81 m/s^2
p Steigung in %
s Weglänge in m (Länge der Steigung)
h Höhenunterschied in m
W_S Steigungswiderstandsarbeit in Nm
P_S Steigungswiderstandsleistung in kW
v Fahrgeschwindigkeit in m/s

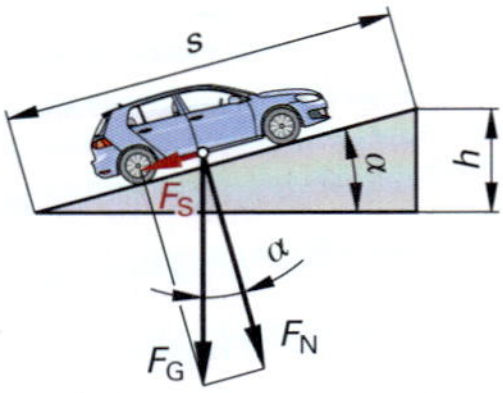

$$\sin\alpha = \frac{h}{s} \qquad p = \frac{h}{b} \cdot 100\,\%$$

Für α kleiner 10° gilt: $\frac{h}{b} \approx \frac{h}{s}$

$$F_S = m \cdot g \cdot \sin\alpha$$

$$F_S = m \cdot g \cdot \frac{h}{s}$$

$$F_S \approx m \cdot g \cdot \frac{p}{100\,\%}$$

$$W_S = F_S \cdot s$$

$$P_S = \frac{F_S \cdot v}{3600}$$

$$v = \frac{3600 \cdot P_S}{F_S}$$

Gesamtfahrwiderstand

F_W Gesamtfahrwiderstand in N
F_R Rollwiderstand in N
F_L Luftwiderstand in N
F_S Steigungswiderstand in N
W_W Fahrwiderstandsarbeit in Nm
s zurückgelegter Weg in m
P_W Fahrwiderstandsleistung in kW
F_W Gesamtfahrwiderstand in N

Bei Steigung

$$F_W = F_R + F_L + F_S$$

Bei Gefälle

$$F_W = F_R + F_L - F_S$$

$$W_W = F_W \cdot s$$

$$P_W = \frac{F_W \cdot v}{3600}$$

$$F_W = \frac{3600 \cdot P_W}{v}$$

Antriebskraft und Antriebsleistung an den Antriebsrädern

F_A Antriebskraft an den Antriebsrädern in N
F_W Gesamtfahrwiderstand in N
F_B Beschleunigungskraft in N
a Beschleunigung in m/s^2
g Erdbeschleunigung 9,81 m/s^2
m Fahrzeuggewicht in kg
m_A Antriebsachslast in kg
v Fahrgeschwindigkeit in m/s
P_W Fahrwiderstandsleistung in kW
P_A Fahrleistung an den Antriebsrädern in kW
P_B Beschleunigungsleistung an den Antriebsrädern in kW
$F_{A\,max}$ maximale Antriebskraft in N
μ_H Haftreibungszahl (Reifen/Fahrbahn)

Bei konstanter Fahrgeschwindigkeit (v = konst.)

$$F_A = F_W \qquad P_A = P_W \qquad P_A = P_W = \frac{F_W \cdot v}{1000}$$

Bei konstanter Beschleunigung (a = konst.)

$$F_A = F_W + F_B \qquad P_A = P_W + P_B$$

$$F_B = m \cdot a$$

$$F_{A\,max} = m_A \cdot g \cdot \mu_H$$

Achskräfte, Auflagerkräfte

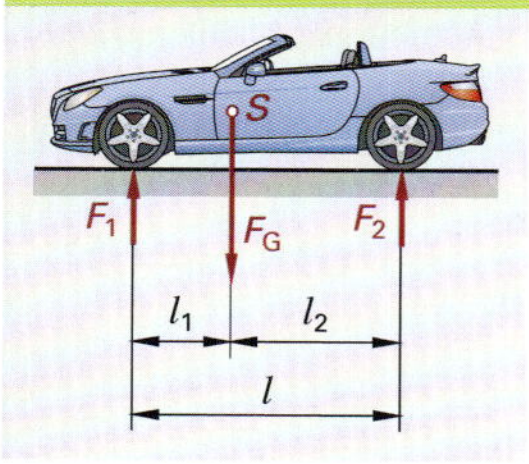

$g = 9{,}81\ \text{m/s}^2 \approx 10\ \text{m/s}^2$

- F_G Gewichtskraft des Fahrzeuges in N
- m Fahrzeugmasse in kg
- g Fallbeschleunigung in m/s^2
- l Radstand in mm
- l_1, l_2 Schwerpunktabstand zu der Achse in mm
- F_1 Vorderachskraft in N
- F_2 Hinterachskraft in N

$$F_G = m \cdot g$$

$$F_1 = \frac{F_G \cdot l_2}{l}$$

$$F_2 = \frac{F_G \cdot l_1}{l}$$

$$F_G = F_1 + F_2$$

$$F_1 = F_G - F_2$$

$$F_2 = F_G - F_1$$

$$l_1 = \frac{F_2 \cdot l}{F_G} \qquad l_2 = \frac{F_1 \cdot l}{F_G}$$

$$l = l_1 + l_2$$

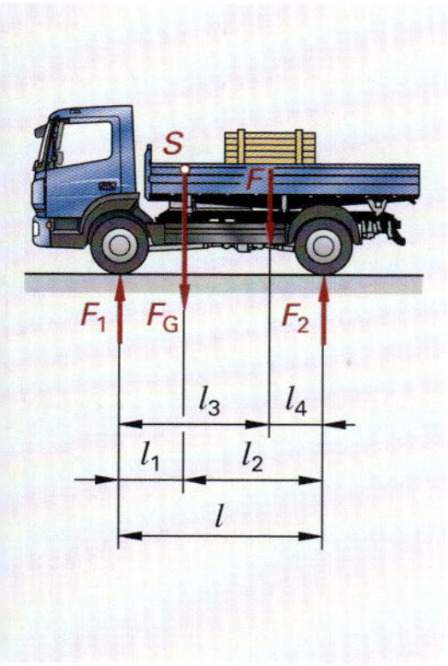

- m Fahrzeugmasse in kg
- F_G Gewichtskraft des Fahrzeuges in N
- F Gewichtskraft der Last (Zuladung) in N
- l Radstand in mm
- l_1, l_2 Schwerpunktabstand zu der Achse in mm
- l_3, l_4 Abstand in mm
- F_1 Vorderachskraft in N
- F_2 Hinterachskraft in N

$$F_1 = \frac{F \cdot l_4 + F_G \cdot l_2}{l}$$

$$F_2 = \frac{F \cdot l_3 + F_G \cdot l_1}{l}$$

$$F + F_G = F_1 + F_2$$

$$F_1 = F + F_G - F_2$$

$$F_2 = F + F_G - F_1$$

$$l = l_1 + l_2$$

$$= l_3 + l_4$$

$$F_G = m \cdot g$$

$$F = m_1 \cdot g$$

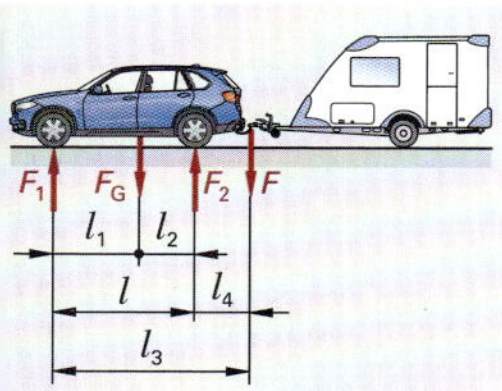

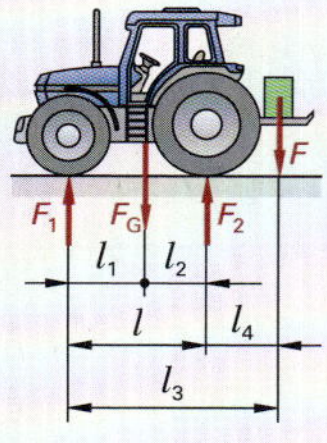

- F_G Gewichtskraft des Fahrzeuges in N
- F Gewichtskraft der Last in N (Stützlast)
- l Radstand in mm
- l_1, l_2 Schwerpunktabstand zu der Achse in mm
- l_3, l_4 Abstand in mm
- F_1 Vorderachskraft in N
- F_2 Hinterachskraft in N

$$F_1 = \frac{F_G \cdot l_2 - F \cdot l_4}{l}$$

$$F_2 = \frac{F_G \cdot l_1 + F \cdot l_3}{l}$$

$$F = \frac{F_G \cdot l_2 - F_1 \cdot l}{l_4}$$

$$F = \frac{F_2 \cdot l - F_G \cdot l_1}{l_3}$$

$$F + F_G = F_1 + F_2$$

$$F_1 = F + F_G - F_2$$

$$F_2 = F + F_G - F_1$$

$$F = F_1 + F_2 - F_G$$

$$l = l_1 + l_2$$

$$l_3 = l + l_4$$

Übersetzungen der Lenkgetriebe

Kugelumlauf-Lenkgetriebe

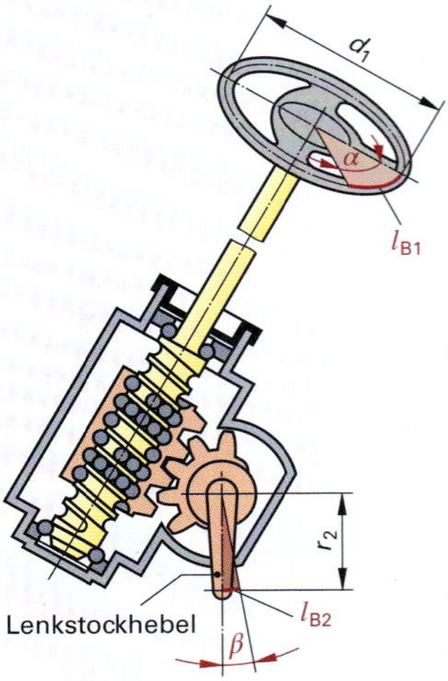

Zahnstangen-Lenkgetriebe

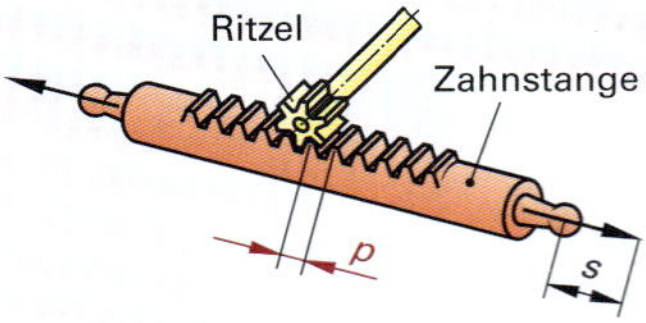

i_1	Übersetzung des Lenkgetriebes
α	Winkeleinschlag am Lenkrad in °
β	Winkeleinschlag am Lenkstockhebel in °
l_{B1}	Lenkradeinschlag in mm
d_1	Durchmesser des Lenkrades in mm
n	Umdrehungen am Lenkrad
l_{B2}	Lenkstockhebeleinschlag in mm
r_2	Hebellänge des Lenkstockhebels in mm
s	Zahnstangenweg in mm
z	Zähnezahl des Ritzels
p	Zahnteilung in mm ($p = m \cdot \pi$)
m	Modul in mm

Gebräuchliche Übersetzungen

Pkw	$i = 10 \ldots 20$
Lkw	$i = 16 \ldots 32$

Kugelumlauf-Lenkgetriebe

$$i_1 = \frac{\alpha}{\beta}$$

$$\alpha = i_1 \cdot \beta \qquad \beta = \frac{\alpha}{i_1}$$

$$\alpha = \frac{360° \cdot l_{B1}}{\pi \cdot d_1}$$

$$\alpha = 360° \cdot n$$

$$\beta = \frac{360° \cdot l_{B2}}{\pi \cdot 2 \cdot r_2}$$

$$i_1 = \frac{l_{B1} \cdot 2 \cdot r_2}{l_{B2} \cdot d_1}$$

Zahnstangen-Lenkgetriebe

$$i_1 = \frac{l_{B1}}{s}$$

$$i_1 = \frac{\pi \cdot d_1}{z \cdot p}$$

$$i_1 = \frac{d_1}{z \cdot m}$$

Gesamtübersetzung der Lenkung

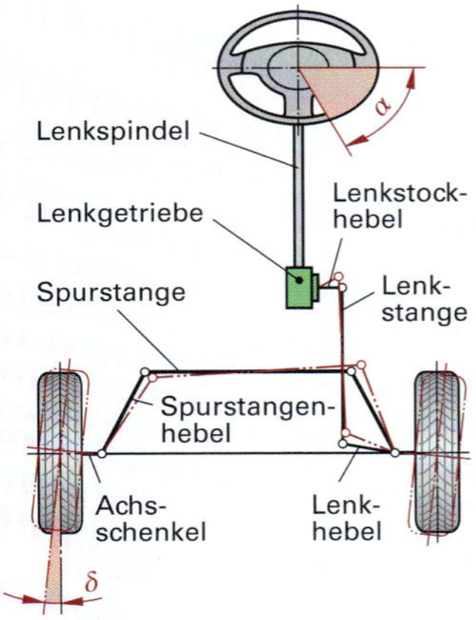

α	Winkeleinschlag am Lenkrad in °
δ	Schwenkwinkel eines Rades in °
i_1	Übersetzung im Lenkgetriebe
n	Umdrehungen am Lenkrad
α_{ges}	Winkeleinschlag am Lenkrad von Anschlag zu Anschlag in °
i_2	Übersetzung im Lenkgestänge
i_{ges}	Gesamtübersetzung der Lenkung

$$i_{ges} = \frac{\alpha}{\delta}$$

$$i_{ges} = i_1 \cdot i_2$$

$$\alpha_{ges} = 360° \cdot n$$

$$i_{ges} = \frac{\alpha_{ges}}{\delta_{ges}}$$

$$i_{ges} = \frac{360 \cdot n}{\delta_{ges}}$$

Mechanische Übersetzung am Bremspedal

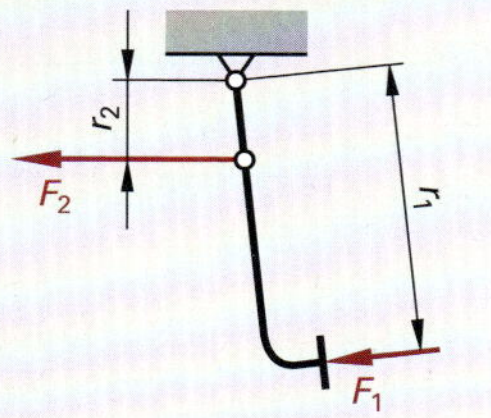

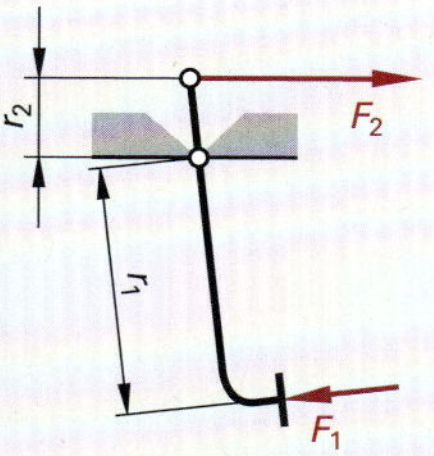

$F_1 = F_P$	Fußkraft in N
$F_2 = F_{HZ}$	Kolbenstangenkraft (Hauptzylinder-Kolbenkraft) in N
r_1, r_2	Hebelarme am Bremspedal in mm
i_{mec}	mechanische Übersetzung am Bremspedal

$$F_1 \cdot r_1 = F_2 \cdot r_2$$

$$F_1 = \frac{F_2 \cdot r_2}{r_1} \qquad F_2 = \frac{F_1 \cdot r_1}{r_2}$$

$$r_1 = \frac{F_2 \cdot r_2}{F_1} \qquad r_2 = \frac{F_1 \cdot r_1}{F_2}$$

$$i_{mec} = \frac{F_1}{F_2} = \frac{F_P}{F_{HZ}}$$

$$i_{mec} = \frac{r_2}{r_1}$$

$$F_2 = \frac{F_1}{i_{mec}} \qquad F_1 = F_2 \cdot i_{mec}$$

$$r_1 = \frac{r_2}{i_{mec}} \qquad r_2 = r_1 \cdot i_{mec}$$

Leitungsdruck und Spannkraft

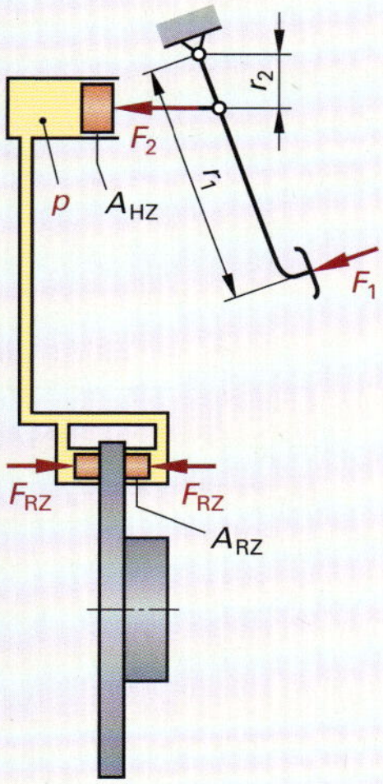

$1 \text{ bar} = 10 \frac{\text{N}}{\text{cm}^2}$

$1 \frac{\text{N}}{\text{cm}^2} = 0{,}1 \text{ bar}$

p	Leitungsdruck in N/cm²
$F_1 = F_P$	Fußkraft (Bremspedal) in N
$F_2 = F_{HZ}$	Kolbenstangenkraft in N
F_{RZ}	Spannkraft eines Radzylinderkolbens an einem Vorderrad $F_{RZ,\,V}$ in N an einem Hinterrad $F_{RZ,\,H}$ in N
A_{HZ}	Kolbenfläche im Hauptzylinder in cm²
A_{RZ}	Kolbenfläche eines Radzylinderkolbens an der Vorderachse $A_{RZ,\,V}$ in cm² an der Hinterachse $A_{RZ,\,H}$ in cm²
d_{HZ}	Durchmesser des Hauptzylinders in cm
d_{RZ}	Durchmesser eines Radzylinders an der Vorderachse $d_{RZ,\,V}$ in cm an der Hinterachse $d_{RZ,\,H}$ in cm
i_{mec}	mechanische Übersetzung am Bremspedal
r_1, r_2	Hebelarme am Bremspedal in mm

$$\mathbf{10 \frac{N}{cm^2} = 1\ bar}$$

$$p = \frac{F_{HZ}}{A_{HZ}}$$

$$F_{HZ} = p \cdot A_{HZ}$$

$$A_{HZ} = \frac{F_{HZ}}{p}$$

$$F_{HZ} = \frac{F_1}{i_{mec}}$$

$$p = \frac{F_1}{A_{HZ} \cdot i_{mec}}$$

$$p = \frac{F_1 \cdot r_1}{A_{HZ} \cdot r_2}$$

$$F_{RZ} = p \cdot A_{RZ}$$

$$p = \frac{F_{RZ}}{A_{RZ}}$$

$$F_{RZ} = \frac{F_{HZ} \cdot A_{RZ}}{A_{HZ}}$$

$$F_{RZ} = \frac{F_{HZ} \cdot d_{RZ}^2}{d_{HZ}^2}$$

$$F_{HZ} = \frac{F_{RZ} \cdot d_{HZ}^2}{d_{RZ}^2}$$

Pneumatische Verstärkung (Übersetzung)

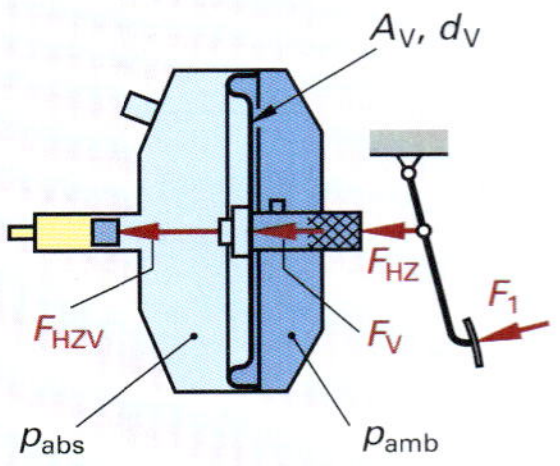

$p_{abs} < p_{amb}$

$$100\ \text{hPa} = 1\ \frac{\text{N}}{\text{cm}^2}$$

F_{HZ}	Kolbenstangenkraft in N
F_V	Verstärkerkraft in N
F_{HZV}	verstärkte Kolbenstangenkraft in N
A_V	Fläche des Verstärkerkolbens (Membran) in cm^2
d_V	Durchmesser des Verstärkerkolbens in cm
i_{pn}	pneumatische Übersetzung des Bremskraftverstärkers
p_{abs}	absoluter Druck in der Vakuumkammer in N/cm^2
p_{amb}	atmosphärischer Druck in der atmosphärischen Kammer in N/cm^2
Δp	wirksame Druckdifferenz in N/cm^2
ν	Verstärkungsfaktor des Bremskraftverstärkers

$$F_V = \Delta p \cdot A_V$$

$$F_{HZV} = F_{HZ} + F_V$$

$$F_{HZV} = F_{HZ} + \Delta p \cdot A_V$$

$$i_{pn} = \frac{F_{HZ}}{F_{HZV}}$$

$$\Delta p = p_{amb} - p_{abs}$$

$$p_{abs} = p_{amb} - \Delta p$$

$$\nu = \frac{1}{i_{pn}}$$

Hydraulische Übersetzung

Formelzeichen vgl. DIN 74250

Wegen der verschieden großen Radzylinder an Vorder- (V) und Hinterachse (H) sind die hydraulischen Übersetzungen getrennt zu berechnen.

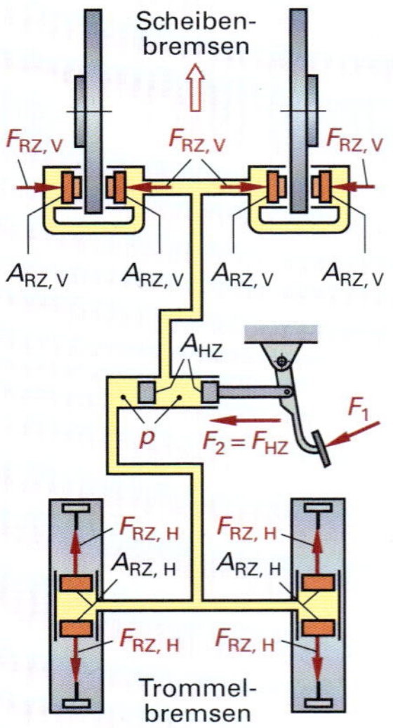

i_{hyd}	hydraulische Übersetzung zur Vorderachse $i_{hyd,V}$ zur Hinterachse $i_{hyd,H}$
$i_{hyd,E}$	hydraulische Einzelübersetzung zu einem Radzylinder der Vorderachse $i_{hyd,E,V}$ der Hinterachse $i_{hyd\,E,H}$
F_{HZ}	Hauptzylinder-Kolbenkraft (Kolbenstangenkraft) in N
F_{RZ}	Spannkraft eines Radzylinderkolbens der Vorderachse $F_{RZ,V}$ in N der Hinterachse $F_{RZ,H}$ in N
F_S	Summe der Spannkräfte der Radzylinderkolben der Vorderachse $F_{S,V}$ in N der Hinterachse $F_{S,H}$ in N
A_{HZ}	Kolbenfläche des Hauptzylinders in cm^2
A_{RZ}	Kolbenfläche eines Radzylinders der Vorderachse $A_{RZ,V}$ in cm^2 der Hinterachse $A_{RZ,H}$ in cm^2
A_S	Summe der Kolbenflächen der Radzylinder der Vorderachse $A_{S,V}$ in cm^2 der Hinterachse $A_{S,H}$ in cm^2
K	Anzahl der Spannkräfte einer Achse
$K = 4$	Achse mit Simplex-, 2-Zylinder-Festsattel-, Schwimmrahmen-, 1-Zylinder-Faustsattelbremse
$K = 8$	Achse mit 4-Zylinder-Festsattel-, 2-Zylinder-Faustsattelbremse

$$i_{hyd,E} = \frac{F_{HZ}}{F_{RZ}}$$

$$i_{hyd} = \frac{F_{HZ}}{F_S}$$

$$i_{hyd,E} = \frac{A_{HZ}}{A_{RZ}}$$

$$i_{hyd} = \frac{A_{HZ}}{A_S}$$

$$F_S = K \cdot F_{RZ}$$

$$A_S = K \cdot A_{RZ}$$

$$F_S = \frac{F_{HZ}}{i_{hyd}}$$

$$F_{RZ} = \frac{F_{HZ}}{i_{hyd,E}}$$

$$F_{HZ} = i_{hyd} \cdot F_S = i_{hyd,E} \cdot F_{RZ}$$

$$A_{HZ} = i_{hyd} \cdot A_S = i_{hyd,E} \cdot A_{RZ}$$

$$A_{RZ} = \frac{A_{HZ}}{i_{hyd,E}}$$

$$A_S = \frac{A_{HZ}}{i_{hyd}}$$

Gesamtübersetzung

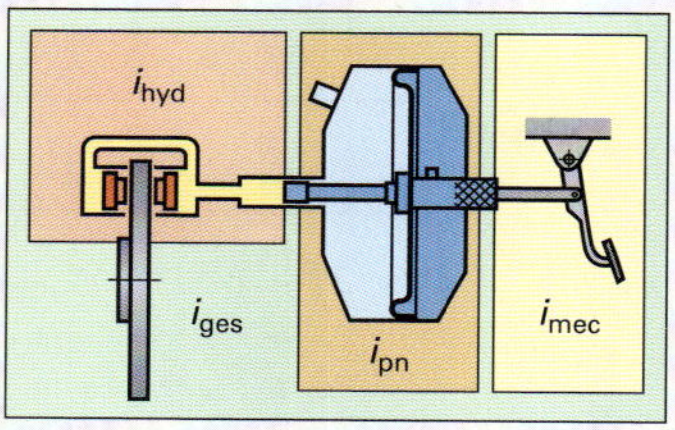

i_{ges} Gesamtübersetzung zur Vorderachse i_V zur Hinterachse i_H

i_{mec} mechanische Übersetzung am Bremspedal

i_{pn} pneumatische Übersetzung im Bremskraftverstärker

i_{hyd} hydraulische Übersetzung der Bremse zur Vorderachse $i_{hyd,V}$ zur Hinterachse $i_{hyd,H}$

$$i_{ges} = i_{mec} \cdot i_{pn} \cdot i_{hyd}$$

$$i_{ges} = \frac{F_1}{F_S}$$

$$F_S = \frac{F_1}{i_{mec} \cdot i_{pn} \cdot i_{hyd}}$$

$$F_{RZ} = \frac{F_S}{K} = \frac{F_1}{K \cdot i_{ges}}$$

$$F_S = K \cdot F_{RZ}$$

$$F_1 = i_{ges} \cdot F_{RZ} \cdot K$$

$$F_1 = i_{ges} \cdot F_S$$

F_1 Fußkraft am Bremspedal in N

F_S Summe der Spannkräfte an der Vorderachse $F_{S,V}$ in N, der Hinterachse $F_{S,H}$ in N

F_{RZ} Spannkraft an einem Radzylinderkolben der Vorderachse $F_{RZ,V}$ in N, der Hinterachse $F_{RZ,H}$ in N

K Anzahl der Spannkräfte einer Achse

Umfangskraft, Spannkraft an der Scheibenbremse

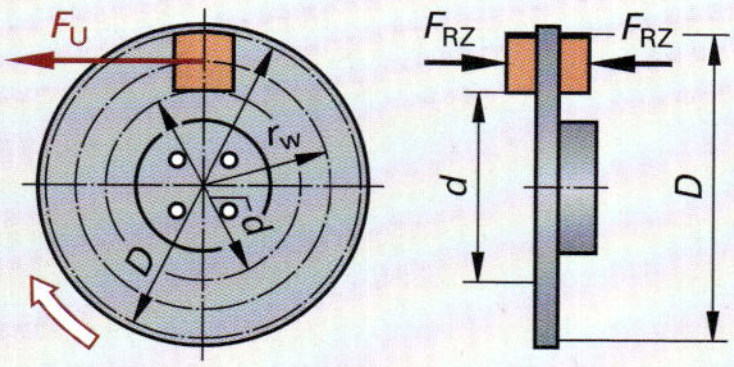

F_U Umfangskraft am wirksamen Umfang der Bremsscheibe in N

F_{RZ} Spannkraft eines Bremszylinderkolbens in N

K_R Anzahl der Spannkräfte einer Radbremse

μ_G Gleitreibungszahl

r_w wirksamer Halbmesser der Bremsscheibe in mm

D Außendurchmesser Reibfläche der Bremsscheibe in mm

d Innendurchmesser Reibfläche der Bremsscheibe in mm

$$F_U = K_R \cdot \mu_G \cdot F_{RZ}$$

$$F_{RZ} = \frac{F_U}{K_R \cdot \mu_G}$$

$$r_w = \frac{D + d}{4}$$

Umfangskraft an der Trommelbremse

Die Selbstverstärkung bzw. innere Übersetzung der Trommelbremse wird durch den Bremsenkennwert C berücksichtigt.

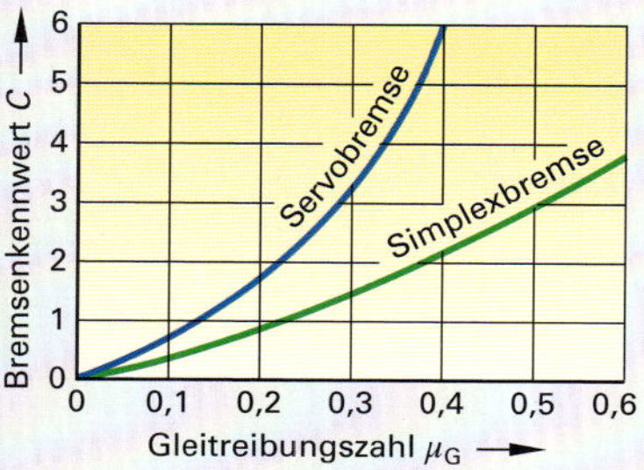

Bremsenkennwertdiagramm

F_U Umfangskraft an der Bremstrommel in N

F_{RZ} Spannkraft eines Radzylinderkolbens in N

C Bremsenkennwert wird nach Bauart der Bremse und Gleitreibungszahl aus Diagramm bestimmt

$$F_U = C \cdot F_{RZ}$$

$$F_{RZ} = \frac{F_U}{C}$$

$$C = \frac{F_U}{F_{RZ}}$$

Bremsmoment, Bremskraft am Rad

Die größtmögliche übertragbare Bremskraft $F_{BR,\,max}$ eines Rades auf die Fahrbahn, ohne dass Blockieren eintritt, ist gleich der Haftreibungskraft F_{HR}.

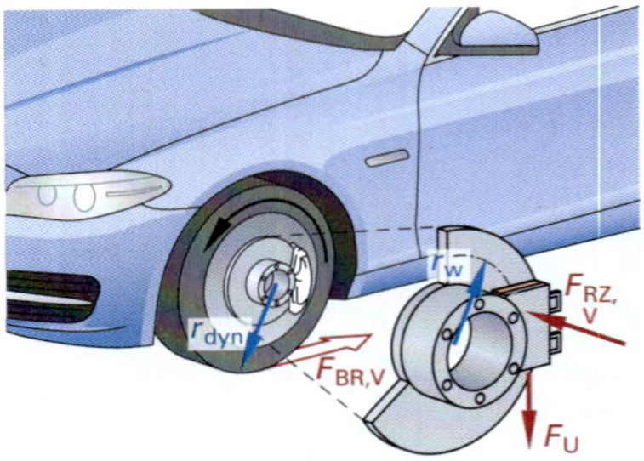

$$M_{BR} = F_U \cdot r_w$$

$$M_{BR} = F_{BR} \cdot r_{dyn}$$

$$F_U \cdot r_w = F_{BR} \cdot r_{dyn}$$

$$F_{BR} = \frac{F_U \cdot r_w}{r_{dyn}}$$

$$F_U = \frac{F_{BR} \cdot r_{dyn}}{r_w}$$

$$F_U = \frac{M_{BR}}{r_w}$$

$$F_{HR} = \mu_H \cdot G_R = F_{BR,\,max}$$

$$G_R = \frac{F_{HR}}{\mu_H}$$

$$G_R = \frac{F_{BR,\,max}}{\mu_H}$$

$$r_{dyn} = \frac{U_{dyn}}{2 \cdot \pi}$$

M_{BR}	Bremsmoment am Rad in Nm
F_U	Umfangskraft am wirksamen Radius der Bremsscheibe bzw. Innenhalbmesser der Bremstrommel in N
r_w	wirksamer Radius der Bremsscheibe bzw. Innenhalbmesser der Bremstrommel in m
F_{BR}	Bremskraft am dynamischen Radius des Reifens in N
U_{dyn}	Abrollumfang eines Rades in m
r_{dyn}	dynamischer Reifenradius in m
F_{HR}	Haftreibungskraft eines Rades in N
G_R	Radaufstandskraft (Radlast) in N
μ_H	Haftreibungszahl zwischen Reifen/Fahrbahn
$F_{BR,\,max}$	größtmögliche Bremskraft eines Rades kurz vor der Blockiergrenze in N

Trägheitskraft, Bremskraft

Die Gesamtbremskraft F_B eines Fahrzeugs ergibt sich aus den einzelnen Bremskräften der Räder. Man denkt sie sich am Schwerpunkt angreifend. Sie wirkt der Trägheitskraft F des Fahrzeugs entgegen.

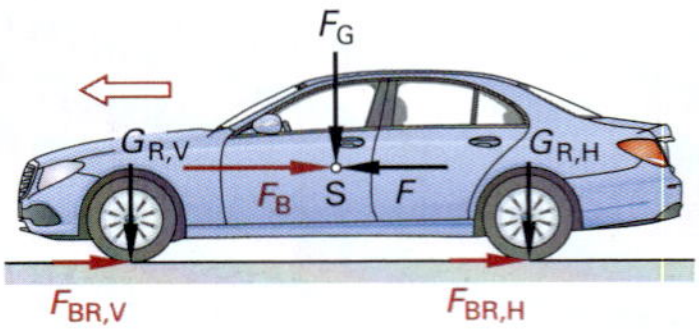

$$F_B = \Sigma F_{BR}$$
$$F_B = 2\,F_{BR,V} + 2\,F_{BR,H}$$

$$F = m \cdot a = F_B$$

$$a = \frac{F_B}{m}$$

$$a_{max} = \frac{F_{B,\,max}}{m}$$

$$F_{B,\,max} = \mu_H \cdot m \cdot g$$

$$\eta_T = \frac{a_m}{a_{max}}$$

$$a_m = a_{max} \cdot \eta_T$$

F_B	Gesamtbremskraft in N
F_{BR}	Radbremskraft an einem Vorderrad ($F_{BR,\,V}$) bzw. einem Hinterrad ($F_{BR,\,H}$) in N
$F_{B,\,max}$	größtmögliche erreichbare Bremskraft in N (Blockiergrenze)
F	Trägheitskraft des Fahrzeugs in N
m	Fahrzeugmasse in kg
a	Verzögerung in m/s^2
a_{max}	größtmögliche Verzögerung in m/s^2
a_m	mittlere Verzögerung in m/s^2
g	Fallbeschleunigung in m/s^2
η_T	Zeitwirkungsgrad
μ_H	Haftreibungszahl zwischen Reifen/Fahrbahn

Bremsarbeit, Bremsleistung

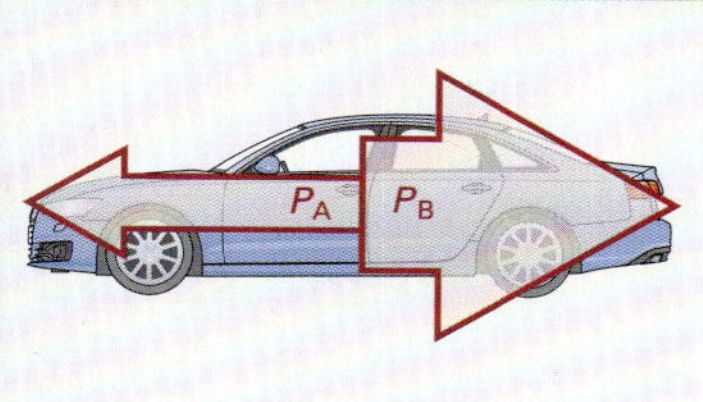

Bremsung bis zum Stillstand auf ebener Fahrbahn

Die Bremsarbeit für eine Bremsung bis zum Stillstand ist gleich der kinetischen Energie des rollenden Fahrzeugs.

1000 W = 1 kW

W_B	Bremsarbeit in Nm oder in J
m	Fahrzeugmasse in kg
v	Geschwindigkeit in m/s
a	Verzögerung in m/s²
s	Bremsweg in m
F_B	Gesamtbremskraft in N
P_B	Bremsleistung in Nm/s oder in W
P_A	Antriebsleistung in Nm/s oder in W
t	Bremszeit in s

$$W_B = F_B \cdot s$$

$$F_B = m \cdot a = \frac{W_B}{s}$$

$$s = \frac{v^2}{2 \cdot a}$$

$$W_B = \frac{m \cdot v^2}{2}$$

$$v = \sqrt{\frac{2 \cdot W_B}{m}}$$

$$P_B = \frac{W_B}{t}$$

$$P_B = \frac{m \cdot v^2}{2 \cdot t}$$

$$t = \frac{v}{a} = \frac{2 \cdot s}{v}$$

Bremsenprüfung, Abbremsung

Beim Rollenprüfstand werden die Bremskräfte am Radumfang der einzelnen Räder durch Abbremsung der einzelnen Räder gemessen.

Die Summe der Bremskräfte der gebremsten Räder wird nach den Richtlinien zur Anlage VIII der StVZO (Bremsenuntersuchungen) auf das zulässige Gesamtgewicht bezogen; das Verhältnis F_B/F_G ergibt mit 100 multipliziert die **Abbremsung z in %.**

z	Abbremsung in %
F_B	Gesamtbremskraft in N
$F_{BR,\,vl}$	Radbremskraft vorn links in N
$F_{BR,\,vr}$	Radbremskraft vorn rechts in N
$F_{BR,\,hl}$	Radbremskraft hinten links in N
$F_{BR,\,hr}$	Radbremskraft hinten rechts in N
F_G	Gewichtskraft des Fahrzeugs in N (zul. Gesamtgewicht)
g	Fallbeschleunigung in m/s²
a	Bremsverzögerung in m/s²
p_1	Berechnungsdruck in bar
p_2	Eingesteuerter Druck in bar (Blockiergrenze)
0,4	Ansprechdruck in bar

$$F_B = F_{BR,\,vl} + F_{BR,\,vr} + F_{BR,\,hl} + F_{BR,\,hr}$$

Fahrzeuge ohne Druckluftbremse

$$z = \frac{F_B \cdot 100\,\%}{F_G}$$

$$F_G = m \cdot g$$

$$z = \frac{a}{g} \cdot 100\,\%$$

$$a = \frac{g \cdot z}{100\,\%}$$

Hochrechnung für Fahrzeug mit Druckluftbremse

$$z = \frac{p_1 - 0{,}4}{p_2 - 0{,}4} \cdot \frac{F_B \cdot 100\,\%}{F_G}$$

Berechnung an hydraulischen Bremsen (Flussdiagramm)

Fußkraft am Bremspedal

$$F_1 = F_P$$

Hauptzylinder-Kolbenkraft

$$F_{HZ} = F_2 = \frac{F_1 \cdot r_1}{r_2}$$

Durch Bremskraftverstärker verstärkte Hauptzylinder-Kolbenkraft

$$F_{HZ,V} = F_{HZ} + \Delta p \cdot A_V = \frac{F_{HZ}}{i_{pn}}$$

Leitungsdruck

$$p = \frac{F_{HZ}}{A_{HZ}} = \frac{F_1 \cdot r_1}{A_{HZ} \cdot r_2}$$

$$p = \frac{F_{HZ,V}}{A_{HZ}}$$

Spannkraft eines Radzylinderkolbens

$$F_{RZ} = p \cdot A_{RZ}$$

Umfangskraft an der Bremstrommel bzw. Bremsscheibe

Trommelbremse

$$F_U = C \cdot F_{RZ}$$

Scheibenbremse

$$F_U = K_R \cdot \mu_G \cdot F_{RZ}$$

Bremsmoment an der Bremstrommel bzw. Bremsscheibe

$$M_{BR} = F_U \cdot r_w$$

$1\ \text{bar} = 10\ \frac{\text{N}}{\text{cm}^2}$

Bremskraft am dynamischen Halbmesser des Reifens

$$F_{BR} = \frac{F_U \cdot r_w}{r_{dyn}}$$

Gesamtbremskraft eines Fahrzeugs

$$F_B = 2 \cdot (F_{BR,V} + F_{BR,H})$$

Bremsarbeit

$$W_B = F_B \cdot s$$

Bremsleistung

$$P_B = \frac{W_B}{t}$$

A_{HZ}	Kolbenfläche des Hauptzylinderkolbens in cm²
A_{RZ}	Radzylinderkolbenfläche an der Vorderachse $A_{RZ,V}$ in cm² an der Hinterachse $A_{RZ,H}$ in cm²
A_V	Fläche des Verstärkerkolbens in cm²
C	Bremsenkennwert aus Diagramm
$F_1 = F_P$	Fußkraft am Bremspedal in N
F_B	Gesamtbremskraft des Fahrzeugs in N
F_{BR}	Bremskraft am dynamischen Halbmesser des Reifens in N
$F_{BR,V}$	Bremskraft an einem Vorderrad in N
$F_{BR,H}$	Bremskraft an einem Hinterrad in N
$F_{HZ} = F_2$	Hauptzylinder-Kolbenkraft in N
$F_{HZ,V}$	verstärkte Hauptzylinder-Kolbenkraft in N
F_{RZ}	Spannkraft eines Radzylinderkolbens in N
F_U	Umfangskraft an der Bremstrommel bzw. Bremsscheibe in N
i_{pn}	pneumatische Übersetzung des Bremskraftverstärkers
K_R	Anzahl der wirksamen Spannkräfte einer Radbremse
μ_G	Gleitreibungszahl (Belag/Bremse)
M_{BR}	Bremsmoment an der Bremse bzw. am Rad in Nm
P_B	Bremsleistung in Nm/s oder in W
p	Leitungsdruck in N/cm²
Δp	wirksame Druckdifferenz ($p_{amb} - p_{abs}$) in N/cm²
r_1, r_2	wirksame Hebelarme am Bremspedal in mm
r_{dyn}	wirksamer Reifenhalbmesser in m
r_w	wirksamer Halbmesser der Bremsscheibe bzw. Innenhalbmesser der Bremstrommel in m
s	Bremsweg in m
t	Bremszeit in s
W_B	Bremsarbeit in J, Nm oder Ws

Ohmsches Gesetz

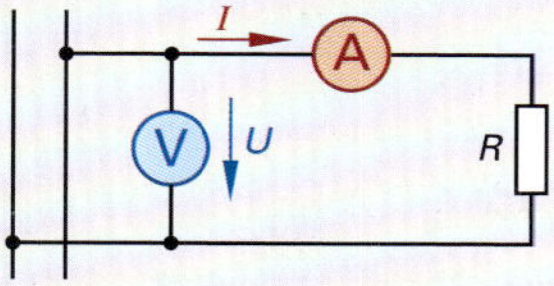

I Stromstärke in A
U Spannung in V
R Widerstand in Ω

1 V = 1 A · 1 Ω

$$R = \frac{U}{I}$$

$$U = I \cdot R$$

$$I = \frac{U}{R}$$

Spezifischer elektrischer Widerstand und elektrische Leitfähigkeit

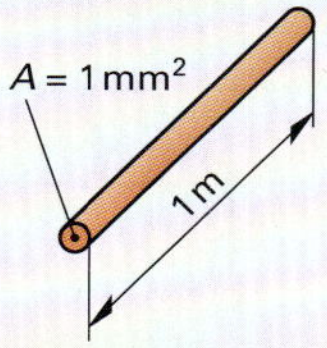

ϱ spezif. elektrischer Widerstand in Ω mm²/m
κ elektrische Leitfähigkeit in m/Ω mm²

$$\varrho = \frac{1}{\kappa}$$

$$\kappa = \frac{1}{\varrho}$$

Leiterwiderstand

Werkstoff (bei 20 °C)	ϱ $\frac{\Omega\,mm^2}{m}$	κ $\frac{m}{\Omega\,mm^2}$
Aluminium	0,0278	36
Eisen	0,13	7,7
Gold	0,022	45,45
Konstantan	0,49	2,04
Kupfer	0,0178	56
Manganin	0,43	2,33
CuZn-Leg.	0,07	14,3
Nickel	0,095	10,5
Platin	0,098	10,2
Silber	0,0167	60
Wolfram	0,055	18,2

R Widerstand in Ω
l Leiterlänge in m
ϱ spezif. elektrischer Widerstand in Ω mm²/m
A Leiterquerschnittsfläche in mm²
κ elektrische Leitfähigkeit in m/Ω mm²
d Leiterdurchmesser in mm

$$R = \frac{\varrho \cdot l}{A}$$

$$\varrho = \frac{A \cdot R}{l} \qquad l = \frac{A \cdot R}{\varrho}$$

$$A = \frac{\varrho \cdot l}{R} \qquad d = \sqrt{\frac{4 \cdot A}{\pi}}$$

$$R = \frac{l}{\kappa \cdot A}$$

Widerstand und Temperatur

Werkstoff	α 1/K
Aluminium (99,5 %)	0,0040
Eisen (rein)	0,0066
Gold	0,0037
Kupfer (99,5 %)	0,0039
Nickel (99,5 %)	0,0055
Platin	0,0038
Silber	0,0038
Wolfram	0,0044
Zink	0,0042
Zinn	0,0045

ΔR Widerstandsänderung in Ω
α Temperaturbeiwert in 1/K
ΔT Temperaturänderung in K
R_k Kaltwiderstand in Ω
R_w Warmwiderstand in Ω

$$\Delta R = \alpha \cdot R_k \cdot \Delta T$$

$$R_w = R_k \cdot (1 + \alpha \cdot \Delta T)$$

$$\Delta T = \frac{R_w - R_k}{R_k \cdot \alpha}$$

Stromdichte

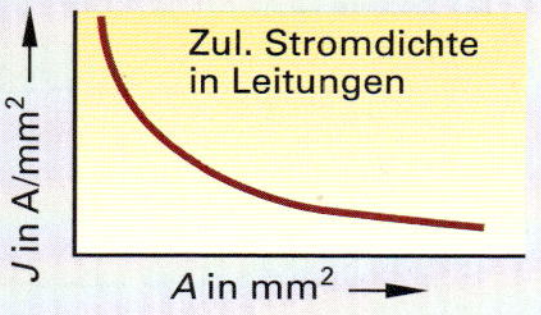

J Stromdichte in A/mm²
I Stromstärke in A
A Leiterquerschnittfläche in mm²

$$J = \frac{I}{A}$$

$$A = \frac{I}{J}$$

$$I = J \cdot A$$

Spannungsabfall in Leitungen

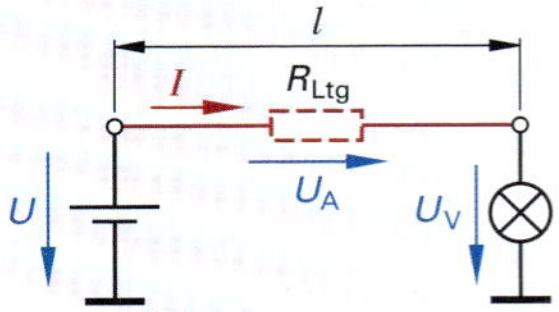

Einleitungssystem

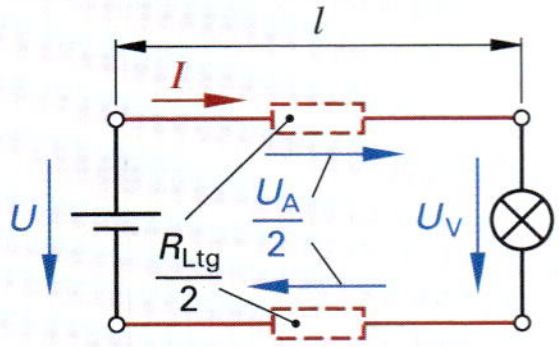

Zweileitungssystem

U_a Spannungsabfall in V
U Klemmenspannung in V
U_V Spannung am Verbraucher in V
I Stromstärke in A
R_{Ltg} Leitungswiderstand in Ω
ϱ spez. elektr. Widerstand in Ω mm²/m
l Leiterlänge in m
A Leiterquerschnittfläche in mm²

$$U_a = I \cdot R_{Ltg}$$

Einleitungssystem

$$U_a = \frac{I \cdot \varrho \cdot l}{A}$$

Zweileitungssystem

$$U_a = \frac{I \cdot \varrho \cdot 2 \cdot l}{A}$$

$$U_V = U - U_a$$

Leitungsberechnung

U_a Spannungsabfall in V
I Stromstärke in A
ϱ spez. elektr. Widerstand in Ω mm²/m
R_{Ltg} Leitungswiderstand in Ω
A Leiterquerschnittfläche in mm²
l Leitungslänge in m

$$U_a = I \cdot R_{Ltg}$$

$$A = \frac{I \cdot \varrho \cdot l}{U_a}$$

$$l = \frac{A \cdot U_a}{I \cdot \varrho}$$

Schaltung von Widerständen

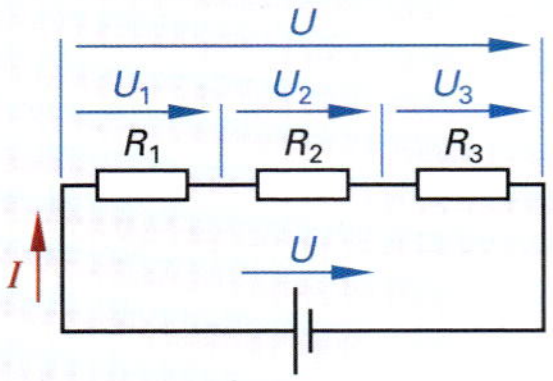

Reihenschaltung

I, I_1, I_2, I_3 Stromstärke in A
U, U_1, U_2, U_3 Spannung in V
R, R_1, R_2, R_3 Widerstand in Ω

$$I = I_1 = I_2 = I_3 = \ldots$$

$$U = U_1 + U_2 + U_3 + \ldots$$

$$R = R_1 + R_2 + R_3 + \ldots$$

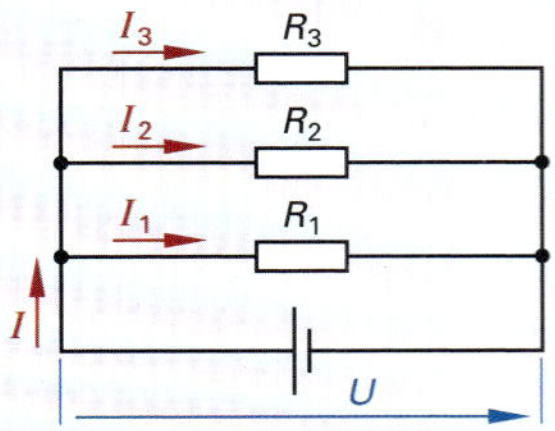

Parallelschaltung

I, I_1, I_2, I_3 Stromstärke in A
U, U_1, U_2, U_3 Spannung in V
R, R_1, R_2, R_3 Widerstand in Ω
n Zahl der gleichen Widerstände

$$U = U_1 = U_2 = U_3 = \ldots$$

$$I = I_1 + I_2 + I_3 + \ldots$$

$$\frac{1}{R} = \frac{1}{R_1} + \frac{1}{R_2} + \frac{1}{R_3} + \ldots$$

Für 2 parallele Widerstände

$$R = \frac{R_1 \cdot R_2}{R_1 + R_2}$$

n gleiche Widerstände

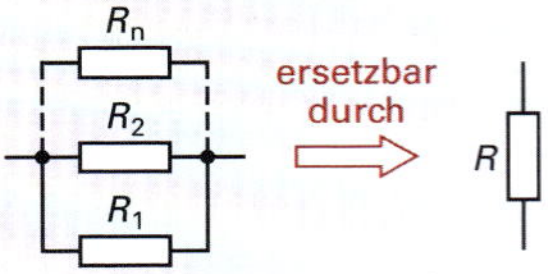

Für *n* gleiche Widerstände

$$R = \frac{R_1}{n}$$

Elektrische Leistung

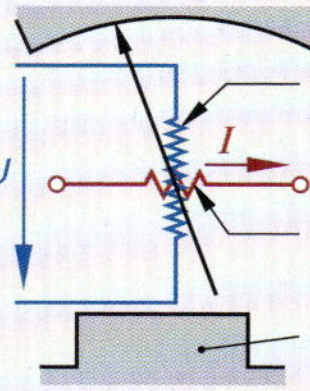

P Leistung in W
U Spannung in V
I Stromstärke in A
R Widerstand in Ω

1 W = 1 V · 1 A = 1 J/s
1 W = 1 Nm/s

$$P = U \cdot I$$

$$U = \frac{P}{I} \qquad I = \frac{P}{U}$$

$$P = I^2 \cdot R$$

$$P = \frac{U^2}{R}$$

Elektrische Arbeit

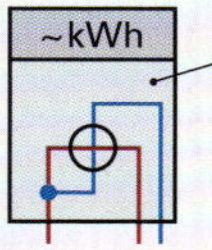

W Arbeit in Ws, Wh, kWh
P Leistung in W, kW
U Spannung in V
I Stromstärke in A
t Zeit in s, h

1 Ws = 1 V · 1 A · 1 s
1 Ws = 1 J = 1 Nm
3 600 000 Ws = 1 kWh

$$W = P \cdot t$$

$$P = \frac{W}{t} \qquad t = \frac{W}{P}$$

$$W = U \cdot I \cdot t$$

Wirkungsgrad, Leistungsverlust

η Wirkungsgrad
η_1, η_2 Einzelwirkungsgrade
P_{zu} zugeführte Leistung in W, kW
P_{ab} abgegebene Leistung in W, kW
P_V Verlustleistung in W, kW

$$\eta = \frac{P_{ab}}{P_{zu}}$$

$$P_{zu} = \frac{P_{ab}}{\eta} \qquad P_{ab} = \eta \cdot P_{zu}$$

$$\eta = \eta_1 \cdot \eta_2 \ldots$$

$$P_V = P_{zu} - P_{ab}$$

Spannungsteiler

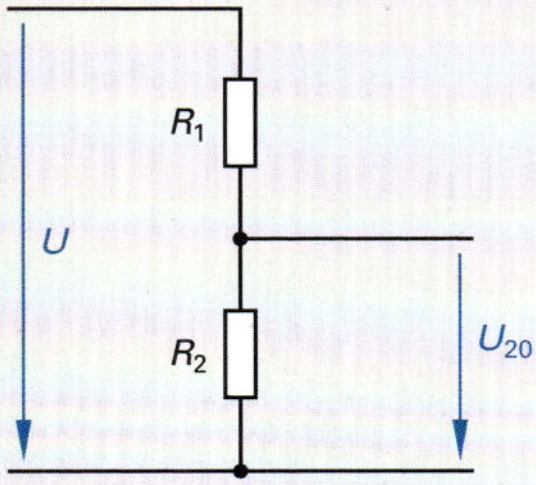

Unbelasteter Spannungsteiler

R_1 Teilwiderstand in Ω
R_2 Teilwiderstand in Ω
$R_1 + R_2$ Gesamtwiderstand in Ω
U Gesamtspannung in V
U_{20} Teilspannung in V

$$U_{20} = \frac{R_2}{R_1 + R_2} \cdot U$$

$$R_1 = R_2 \cdot \left(\frac{U}{U_{20}} - 1\right)$$

$$R_2 = \frac{R_1}{\frac{U}{U_{20}} - 1}$$

Batterie (Akkumulator)

Kapazität

12 V 36 Ah

K Kapazität in Ah
I Stromstärke in A
t Zeit in h

$$K = I \cdot t$$

$$I = \frac{K}{t} \qquad t = \frac{K}{I}$$

Amperestundenwirkungsgrad

Ladung → Ladestrom I_1, Ladezeit t_1

Entladung → Entladestrom I_2, Entladezeit t_2

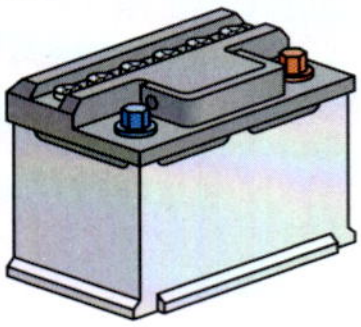

η_{Ah} Amperestundenwirkungsgrad
K_1, K_2 Lade- bzw. Entladekapazität in Ah
I_1, I_2 Lade- bzw. Entladestrom in A
t_1, t_2 Lade- bzw. Entladezeit in h

$$\eta_{Ah} = \frac{K_2}{K_1}$$

$$K_1 = I_1 \cdot t_1 \qquad K_2 = I_2 \cdot t_2$$

$$\eta_{Ah} = \frac{I_2 \cdot t_2}{I_1 \cdot t_1}$$

$$K_1 = \frac{K_2}{\eta_{Ah}} \qquad K_2 = K_1 \cdot \eta_{Ah}$$

Wattstundenwirkungsgrad

η_{Wh} Wattstundenwirkungsgrad
U_1, U_2 Lade- bzw. Entladespannung in V
I_1, I_2 Lade- bzw. Entladestrom in A
t_1, t_2 Lade- bzw. Entladezeit in h
W_1, W_2 Lade- bzw. Entladeenergie in Wh
K_1, K_2 Lade- bzw. Entladekapazität in Ah

$$\eta_{Wh} = \frac{W_2}{W_1} \qquad \eta_{Wh} = \frac{U_2 \cdot K_2}{U_1 \cdot K_1}$$

$$\eta_{Wh} = \frac{U_2 \cdot I_2 \cdot t_2}{U_1 \cdot I_1 \cdot t_1}$$

Klemmenspannung und Innenwiderstand

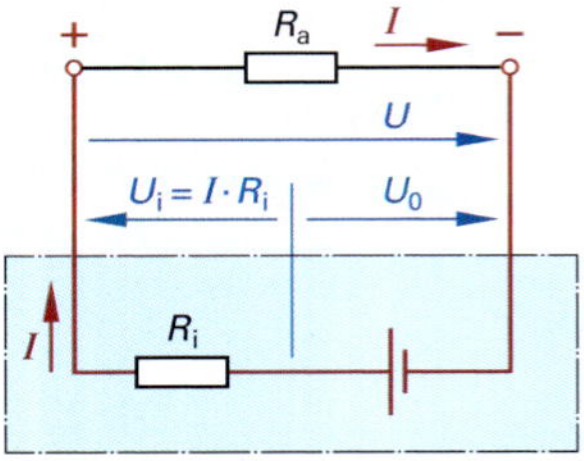

U Klemmenspannung in V
U_0 Leerlaufspannung in V
U_i innerer Spannungsabfall in V
I Stromstärke in A
I_k Kurzschlussstrom in A
R_i Innenwiderstand in Ω
R_a Belastungswiderstand in Ω

$$U = U_0 - I \cdot R_i$$

$$U = I \cdot R_a$$

$$U = I \cdot (R_a + R_i)$$

$$I = \frac{U_0}{R_a + R_i}$$

$$I_k = \frac{U_0}{R_i}$$

Transformator

U_1 Primärspannung in V
I_1 Primärstrom in A
N_1 Primärwindungszahl
U_2 Sekundärspannung in V
I_2 Sekundärstrom in A
N_2 Sekundärwindungszahl
n Übersetzungsverhältnis

$$\frac{U_1}{U_2} = \frac{N_1}{N_2}$$

$$\frac{I_1}{I_2} = \frac{N_2}{N_1}$$

$$n = \frac{U_1}{U_2} = \frac{I_2}{I_1} = \frac{N_1}{N_2}$$

$$U_1 = U_2 \cdot \frac{N_1}{N_2} \qquad U_2 = U_1 \cdot \frac{N_2}{N_1}$$

$$N_1 = N_2 \cdot \frac{U_1}{U_2} \qquad N_2 = N_1 \cdot \frac{U_2}{U_1}$$

$$I_1 = I_2 \cdot \frac{N_2}{N_1} \qquad I_2 = I_1 \cdot \frac{N_1}{N_2}$$

$$N_1 = N_2 \cdot \frac{I_2}{I_1} \qquad N_2 = N_1 \cdot \frac{I_1}{I_2}$$

Wechselstrom

Frequenz, Kreisfrequenz

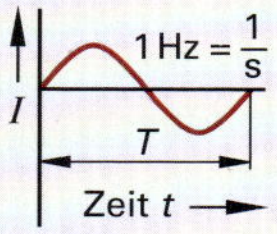

f Frequenz in Hz (Hertz) bzw. 1/s
T Periodendauer in s
ω Kreisfrequenz in 1/s

$$\mathbf{1\ Hz = \frac{1}{s}}$$

$$f = \frac{1}{T}$$

$$\omega = 2 \cdot \pi \cdot f$$

Scheitelwert, Effektivwert

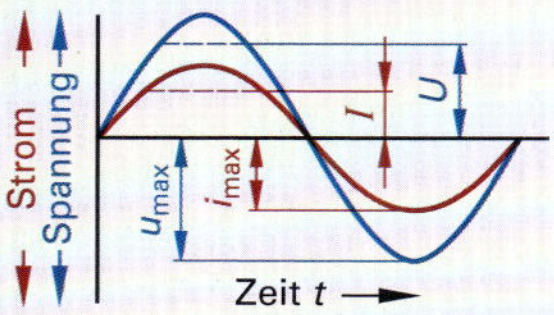

U Effektivwert der Spannung in V
I Effektivwert des Stromes in A
u_{max} Scheitelwert der Spannung in V
i_{max} Scheitelwert des Stromes in A

$$I = \frac{i_{max}}{\sqrt{2}}$$

$$U = \frac{u_{max}}{\sqrt{2}}$$

Induktiver Blindwiderstand

X_L induktiver Blindwiderstand in Ω
ω Kreisfrequenz in 1/s
L Induktivität der Spule in H

$$\mathbf{1\ H = 1\ \Omega \cdot 1\ s}$$

$$X_L = \omega \cdot L$$

Kapazitiver Blindwiderstand

X_C kapazitiver Blindwiderstand in Ω
ω Kreisfrequenz in 1/s
C Kapazität des Kondensators in F

$$\mathbf{1\ F = \frac{1\ s}{1\ \Omega}}$$

$$X_C = \frac{1}{\omega \cdot C}$$

Scheinleistung, Wirkleistung und Blindleistung

Der Leistungsfaktor $\cos \varphi$ gibt an, wie viel Prozent der Scheinleistung als Wirkleistung vorhanden sind.

S Scheinleistung in VA
P Wirkleistung in W
U Spannung in V
I Stromstärke in A
$\cos \varphi$ Leistungsfaktor

$$S = U \cdot I \qquad P = U_R \cdot I_R$$

$$\cos \varphi = \frac{P}{S}$$

Sternschaltung bei symmetrischer (gleichmäßiger) ohmscher Belastung

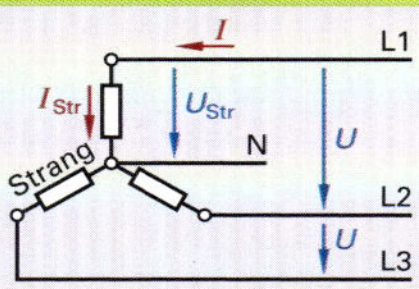

I Leiterstrom in A
I_{Str} Strangstrom in A
U Leiterspannung in V
U_{Str} Strangspannung in V

$$I_{Str} = I$$

$$U_{Str} = \frac{U}{\sqrt{3}}$$

Dreieckschaltung bei symmetrischer (gleichmäßiger) ohmscher Belastung

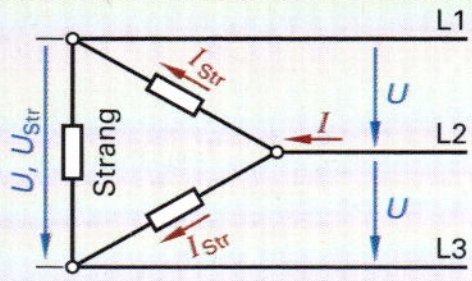

I Leiterstrom in A
I_{Str} Strangstrom in A
U Leiterspannung in V
U_{Str} Strangspannung in V

$$I_{Str} = \frac{I}{\sqrt{3}}$$

$$U_{Str} = U$$

Elektronische Bauelemente

NPN-Transistor

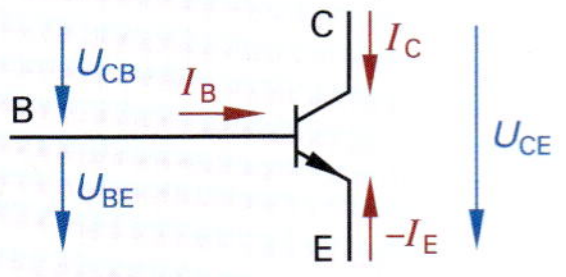

PNP-Transistor

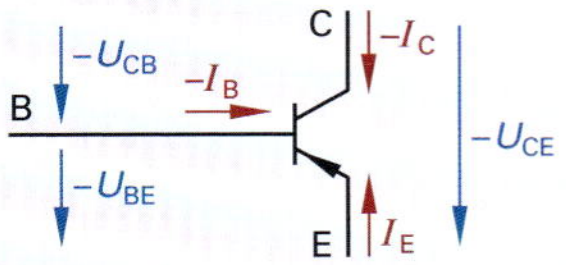

U_{CE}	Kollektor-Emitter-Spannung in V
U_{BE}	Basis-Emitter-Spannung in V
U_{CB}	Kollektor-Basis-Spannung in V
I_B	Basisstrom in mA
I_C	Kollektorstrom in mA
I_E	Emitterstrom in mA
P_V	Verlustleistung in W
B	Gleichstromverstärkung

$$U_{CE} = U_{BE} + U_{CB}$$

$$I_E = I_C + I_B$$

$$P_V \approx U_{CE} \cdot I_C$$

$$B = \frac{I_C}{I_B}$$

Winkel und Zeiten beim Zündvorgang

γ	Zündabstand in ° a. d. Kurbelwelle
α	Schließwinkel in ° a. d. Kurbelwelle
β	Öffnungswinkel in ° a. d. Kurbelwelle
α_p	Schließwinkel in %
n	Motordrehzahl in 1/min
t_D	Zeit zwischen 2 Zündfunken in s
t_S	Schließzeit in s
$t_Ö$	Öffnungszeit in s
z	Zylinderzahl
z_F	Summe der Zündfunken pro Minute in 1/min

$$\gamma = \alpha + \beta$$

$$t_S = \frac{\alpha}{6 \cdot n}$$

$$\gamma = \frac{720°}{z}$$

$$t_Ö = \frac{\beta}{6 \cdot n}$$

$$z_F = \frac{n \cdot z}{2}$$

$$t_D = t_S + t_Ö$$

$$t_D = \frac{\gamma}{6 \cdot n}$$

$$\alpha_p = \frac{\alpha \cdot z}{7{,}2}$$

Pulsweitenmodulation (PWM)

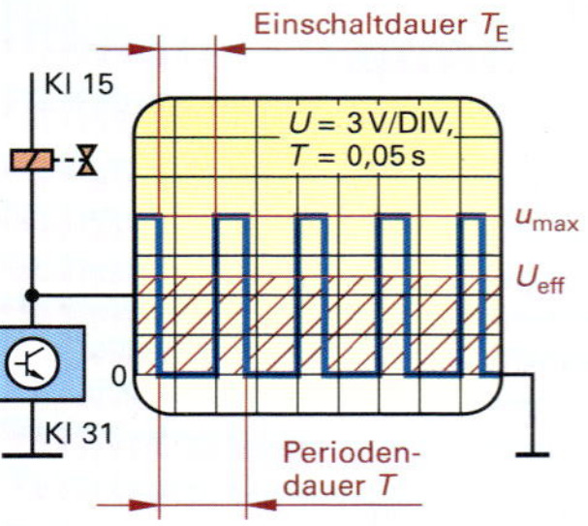

T	Periodendauer in s
T_E	Einschaltdauer in s
T_A	Ausschaltdauer in s
V_T	Tastverhältnis in %
f	Frequenz in Hz (Hertz) bzw. 1/s
U_{eff}	Effektivwert der Spannung in V
u_{max}	Höchstwert der Spannung in V

$$T = T_E + T_A$$

$$V_T = \frac{T_E}{T} \cdot 100\ \%$$

$$f = \frac{1}{T}$$

$$U_{eff} = u_{max} \cdot \sqrt{\frac{T_E}{T}}$$

Datenübertragung

1 Byte = 8 Bit

Die Datenübertragungsrate bzw. -geschwindigkeit wird in Baud (Abkürzung: Bd) angegeben.

1 Baud (Bd) = 1 Bit pro Sekunde

n	Anzahl der zur Verfügung stehenden Bits zur Datenübertragung
b_r	Datenübertragungsrate bzw. -geschwindigkeit in Bd
t_{bit}	Zeit für die Übertragung eines Bit (Bitzeit) in s

Anzahl der Informationen = 2^n (Bitwertigkeit)

$$t_{bit} = \frac{1}{b_r}$$

$$b_r = \frac{1}{t_{bit}}$$

Elektrische Antriebsmaschinen

Der Läufer hat dieselbe Drehzahl wie das Magnetfeld im Stator.

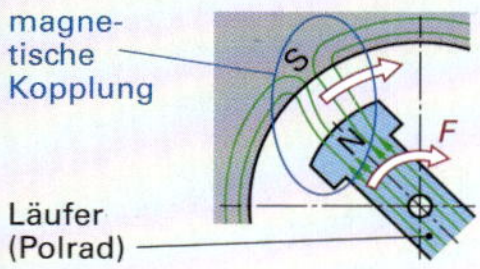

Synchronmaschine

n_s synchrone Drehzahl in 1/s
f Frequenz in H_z
p Polpaarzahl

Die Anzahl der einzelnen Magnetpole im Stator ist doppelt so hoch wie die Polpaarzahl p.

$$n_s = \frac{f}{p}$$

$$f = n_s \cdot p \qquad p = \frac{f}{n_s}$$

Der Läufer hat eine andere Drehzahl als das Magnetfeld im Stator.

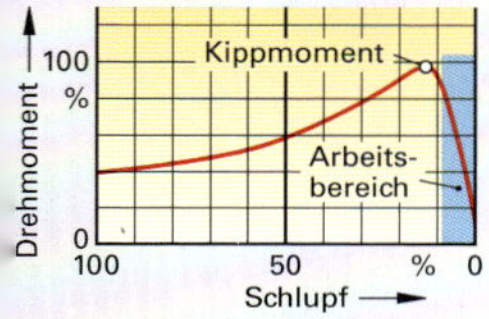

Asynchronmaschine

n_{As} asynchrone Drehzahl in 1/s
n_s synchrone Drehzahl in 1/s
s Schlupf in %

Der Schlupf ist abhängig von der Belastung der Maschine und liegt im Bereich 1% bis 8%.

$$n_{As} = n_s \cdot (1 - s)$$

$$n_s = \frac{n_{As}}{(1 - s)}$$

$$n_s = \frac{n_s - n_{As}}{n_s}$$

Elektrische Leistung

P_{el} Elektrische Leistung in W
U Spannung in V
I Strom in A
$\cos\varphi$ Wirkfaktor

$$P_{el} = \sqrt{3} \cdot U \cdot I \cos\varphi$$

$$U = \frac{P_{el}}{\sqrt{3} \cdot I \cdot \cos\varphi}$$

$$\varphi = \arccos\left(\frac{P_{el}}{\sqrt{3} \cdot U \cdot I}\right) \qquad I = \frac{P_{el}}{\sqrt{3} \cdot U \cdot \cos\varphi}$$

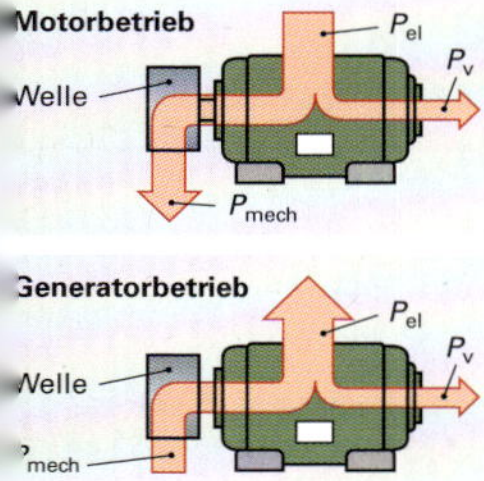

Mechanische Leistung

P_{mech} Mechanische Leistung in W
P_{el} Elektrische Leistung in W
η_{Motor} Wirkungsgrad der Antriebsmaschine im Motorbetrieb
$\eta_{Generator}$ Wirkungsgrad der Antriebsmaschine im Generatorbetrieb

Motorbetrieb

$$P_{mech} = \eta_{Motor} \cdot P_{el}$$

$$P_{el} = \frac{P_{mech}}{\eta_{Motor}} \qquad \eta_{Motor} = \frac{P_{mech}}{P_{el}}$$

Generatorbetrieb

$$P_{mech} = \frac{P_{el}}{\eta_{Generator}}$$

$$P_{el} = P_{mech} \cdot \eta_{Generator}$$

$$\eta_{Generator} = \frac{P_{el}}{P_{mech}}$$

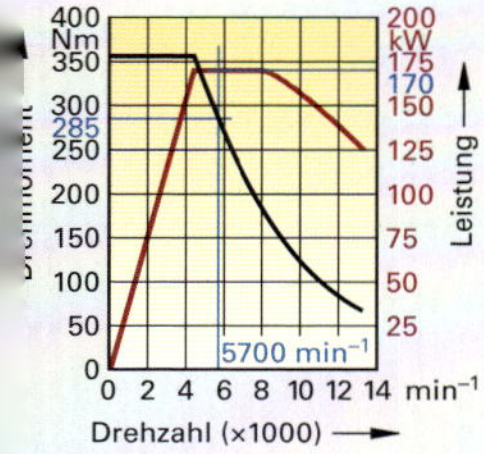

Drehmoment

M Drehmoment in Nm
n synchrone Drehzahl n_s bei Synchronmaschinen oder asynchrone Drehzahl n_{As} bei Asynchronmaschinen in 1/s

$$M = \frac{P_{mech}}{2\pi \cdot n}$$

$$P_{mech} = 2\pi \cdot M \cdot n$$

$$n = \frac{P_{mech}}{\pi \cdot M}$$

Akkumulatoren in Elektrofahrzeugen

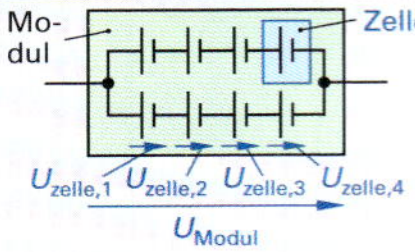

4 serielle Zellen im Modul: $n_{S,Modul} = 4$

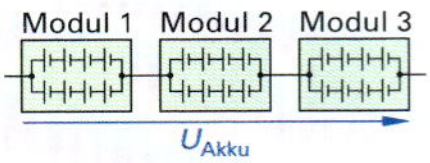

3 serielle Module im Akku: $n_{S,Akku} = 3$

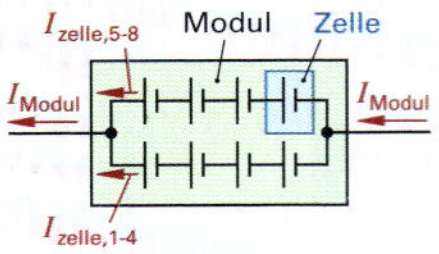

2 parallele Zellreihen im Modul. $n_{P,Modul} = 2$

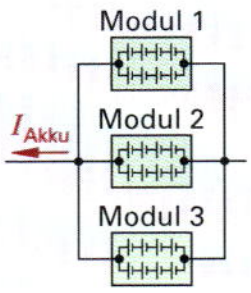

3 parallele Module im Akku. $n_{P,Akku} = 3$

Beispiel:

U_{Akku} = 355,2 V;
K_{Akku} = 240 Ah;
W_{Akku} = ? Wh

Lösung:

$\mathbf{W_{Akku}} = U_{Akku} \cdot K_{Akku}$
= 355,2 V · 240 Ah
= **85 248 Wh**

Spannung

U_{Zelle}	Spannung einer Batteriezelle in V
U_{Modul}	Spannung eines Moduls in V
U_{Akku}	Spannung des Akkus in V
$n_{S,Modul}$	Anzahl serieller Zellen im Modul
$n_{S,Akku}$	Anzahl serieller Module im Akku

$$U_{Modul} = n_{S,Modul} \cdot U_{Zelle}$$

$$U_{Zelle} = \frac{U_{Modul}}{n_{S,Modul}} \qquad n_{S,Modul} = \frac{U_{Modul}}{U_{Zelle}}$$

Die Zellspannungen liegen im Bereich 3 V bis 4 V.

$$U_{Akku} = n_{S,Akku} \cdot U_{Modul}$$

$$U_{Modul} = \frac{U_{Akku}}{n_{S,Akku}} \qquad n_{S,Akku} = \frac{U_{Akku}}{U_{Modul}}$$

Kapazität

K_{Zelle}	Kapazität einer Batteriezelle in Ah
K_{Modul}	Kapazität eines Moduls in Ah
U_{Akku}	Kapazität des Akkus in Ah
$n_{P,Modul}$	Anzahl paralleler Zellen im Modul
$n_{P,Akku}$	Anzahl paralleler Module im Akku

$$K_{Modul} = n_{P,Modul} \cdot K_{Zelle}$$

$$K_{Zelle} = \frac{K_{Modul}}{n_{P,Modul}} \qquad n_{P,Modul} = \frac{K_{Modul}}{K_{Zelle}}$$

$$K_{Akku} = n_{P,Akku} \cdot K_{Modul}$$

$$K_{Modul} = \frac{K_{Akku}}{n_{P,Akku}} \qquad n_{P,Akku} = \frac{K_{Akku}}{K_{Modul}}$$

Energie

W_{Akku}	Energieinhalt des Akkus in Wh
U_{Akku}	Spannung des Akkus in V
K_{Akku}	Kapazität des Akkus in Ah

$$W_{Akku} = U_{Akku} \cdot K_{Akku}$$

$$K_{Akku} = \frac{W_{Akku}}{U_{Akku}} \qquad U_{Akku} = \frac{W_{Akku}}{K_{Akku}}$$

Zwischenkreiskondensator

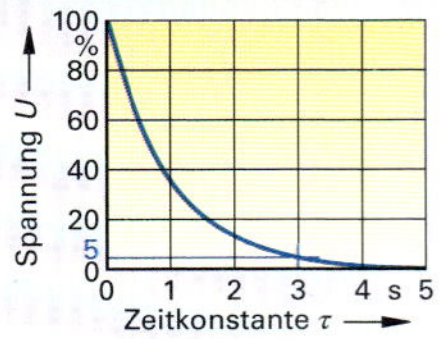

Nach 3 τ ist ein Zwischenkreiskondensator zu 95 % entladen.

Die Restspannung beträgt 5 % der Hochvolt-Bordnetzspannung.

t_E	Entladezeit in s
τ	Zeitkonstante in s
R	Entladewiderstand in Ω
C	Kapazität in F
u	Spannung zum Zeitpunkt t in V
U_{HV}	Hochvolt Bordnetzspannung in V
t	Zeit nach dem Abschalten in s

$$t_E = 5 \cdot \tau \qquad \tau = R \cdot C$$

$$\tau = \frac{t_E}{5} \qquad R = \frac{\tau}{C} \qquad C = \frac{\tau}{R}$$

$$u = U_{HV} \cdot e^{-\frac{t}{\tau}}$$

$$t = -\tau \cdot \ln\left(\frac{u}{U_{HV}}\right) \qquad \tau = -\frac{t}{\ln\left(\frac{u}{U_{HV}}\right)} \qquad U_{HV} = \frac{u}{e^{-\frac{t}{\tau}}}$$

P

R

S

T

U

V

W

Z